青少年求知文库
ingShaoNian QiuZhiWenKu

有志者事竟成

姜靖榆 编

吉林人民出版社

图书在版编目（CIP）数据

有志者事竟成 / 姜靖榆编. — 长春：吉林人民出版社，2010.7（2021.3重印）

（青少年求知文库）

ISBN 978-7-206-06868-3

Ⅰ. ①有… Ⅱ. ①姜… Ⅲ. ①成功心理学—青少年读物 Ⅳ. ①B848.4-49

中国版本图书馆CIP数据核字(2010)第120371号

有志者事竟成

编　　者：姜靖榆

责任编辑：孙浩瀚

吉林人民出版社出版（长春市人民大街 7548 号　邮政编码：130022）

印　刷：三河市燕春印务有限公司

开　本：700mm×970mm　　1/16

印　张：13　　　　字数：110 千字

标准书号：ISBN 978-7-206-06868-3

版　次：2010 年 7 月第 1 版　　印　次：2021 年 3 月第 2 次印刷

定　价：39.00 元

目　录

中国篇

孔子：执著追求终成万世师表 / 001
孟子：择邻三迁终成亚圣 / 005
屈原：中国第一位伟大的爱国诗人 / 009
诸葛亮：鞠躬尽瘁，智慧化身 / 012
司马迁：超越自我，发愤图强 / 015
张衡：与星星为伴的天文学家 / 018
曹操：非常之人，超世之杰 / 021
匡衡：凿壁偷光苦读书 / 025
祖逖：闻鸡起舞 / 028
王羲之：吃墨的书法家 / 030
王安石：好学不倦 / 032

鲁迅：以笔为戈，战斗一生 / 034
李四光：华夏地质学的奠基人 / 038
郭沫若：勤学一生 / 042
贾兰坡：自强不息，奋发向上 / 044
张中行：布衣学者 / 047
华罗庚：初中文凭打天下 / 053
钱钟书：只为真理而默存 / 058
季羡林：中国知识分子的一面旗帜 / 062
邓稼先：中国“原子弹之父” / 065
李嘉诚：勇于进取，白手起家 / 069
袁隆平：中国“杂交水稻之父” / 073
陈景润：哥德巴赫猜想的第一人 / 077
朱清时：笃学不倦 / 080
罗活活：打工皇后 / 083
牛根生：跑出火箭速度的“牛人” / 087
唐伟：制造从奴隶到将军奇迹的人 / 094
俞敏洪：从农民到留学教父 / 100
唐骏：打工皇帝 / 105

外国篇

荷马：坚韧能使魔鬼变成天使 / 110
柏拉图：理想国的创始人 / 112
亚里士多德：最博学的人 / 116

达·芬奇：人文巨匠 / 120
伽利略：近代科学之父 / 128
牛顿：第一个注意苹果落地的人 / 131
贝多芬：扼住命运的咽喉 / 135
卢梭：启蒙运动最卓越的代表 / 139
高斯：数学王子 / 143
法拉第：顽强毅力创造奇迹 / 148
巴尔扎克：持之以恒，义无反顾 / 152
安徒生：把困难当成“百事可乐” / 155
达尔文：进化论的奠基人 / 158
孟德尔：近代遗传学之父 / 162
诺贝尔：毅力与智慧的宠儿 / 165
莫奈：印象派大师 / 169
爱迪生：让发明改变世界的人 / 173
凡·高：一只耳朵的画圣 / 177
福特：汽车大王 / 181
居里夫人：勤勉敬业的女科学家 / 185
爱因斯坦：人类最伟大的科学家 / 189
卡耐基：第一代成功学大师 / 193
比尔·盖茨：“坐在世界巅峰的人” / 198

孔子：执著追求终成万世师表

孔子，公元前551年出生于鲁国陬邑昌平乡（今山东省曲阜市东南的鲁源村），公元前479年去世；名丘，字仲尼；去世后葬于曲阜城北泗水之上。

他是春秋末期的政治家、思想家、教育家，儒家学派的创始人。他是世界十大思想家之一、中国十大思想家之一，有“万世师表”之称。

据《史记·孔子世家》记载，孔子的祖先本是殷商后裔。周灭商后，周成王封商纣王的庶兄、商朝忠正的名臣微子启于宋，建都商丘（今河南商丘一带）。微子启死后，其弟微仲即位，微仲就是孔子的先祖。

自孔子的六世祖孔父嘉之后，后代子孙开始以孔为姓。孔子的曾祖父孔防叔为了逃避宋国内乱，从宋国逃到了鲁国。

孔子的父亲叔梁纥是鲁国极为有名的勇士。叔梁纥先娶施氏，生下9个女孩儿，却没有一个儿子。他的妾生下一个儿子，叫孟皮，足部有病。在当时的情况下，女子和残疾的儿子都不宜继嗣。叔梁纥晚年与年轻女子颜氏生下孔子。由于孔子的母亲曾去尼丘山祈祷，然后怀上孔子，又因孔子刚出生时头顶的中间凹下，像尼丘山，故起名为丘，字仲尼。仲是第二的意思，叔梁纥的长子为孟皮，孟为第一的意思。

孔子继承了父亲叔梁纥的体魄，身高在1.90米以上，膂力过人，远非后世某些人认为的文弱书生的形象。孔子酒量超凡，据说从来没有喝醉过。但孔子从不以武勇和酒量等为豪。

孔子3岁的时候，父亲病逝，从此孔子的家境相当贫寒。由于种种原因，孔子在政治上没有大的作为，但在治理鲁国的3个月中，足见孔子无愧于杰出政治家的称号。政治上不得意，孔子就将大部分精力用在教育事业上。

孔子曾任鲁国司寇，后来带弟子周游列国，最终返回鲁国，专心执教。孔子打破了教育垄断，开创了私学。孔子的弟子多达3000人，贤人有72人，其中有很多是各国高官。

孔子极为聪明，并且好学，20岁时，学识就非常渊博，被当时人称赞为“博学好礼”。但孔子自己不这样认为，他说：“圣则吾不能，我学不厌，而教不倦也。”孔子学无常师，谁有知识，谁那里有他所不知道的东西，他就拜谁为师，他认为：

“三人行，必有我师焉。”

孔子62岁时，曾这样形容自己：“发愤忘食，乐以忘忧，不知老之将至云尔。”当时孔子已带领弟子周游列国9个年头，历尽艰辛，不仅未得到诸侯的任用，而且险些丧命，但孔子并不灰心，仍然乐观向上，坚持自己的理想。

孔子说：“不义而富且贵，于我如浮云。”在孔子心目中，行义是人生的最高价值，在富贵与道义发生矛盾时，他宁可受穷也不会放弃道义。但他的安贫乐道并不能看做不求富贵，只求维护道。孔子曾说：“富与贵，人之所欲也；不以其道，得之不处也。贫与贱，人之所恶也；不以其道，得之不去也。”“富而可求也，虽执鞭之士，吾亦为之。如不可求，从吾所好。”

孔子为人正直，主张直道而行，他说：“吾之于人也，谁毁谁誉？如有所誉者，其有所试矣。斯民也，三代之所以直道而行也。”

据《史记》记载，孔子30多岁时曾问礼于老子，临别时老子赠言说：“聪明深察而近于死者，好议人者也。博辩广大危其身者，发人之恶者也。为人子者毋以有己，为人臣者毋以有己。”这是老子对孔子善意的提醒，也指出了孔子的一些毛病，就是看问题太深刻，讲话太尖锐，伤害了一些有地位的人，会给自己带来很大的危险。

孔子创立了以“仁”为核心的道德学说，他自己也是一个善良之人，富有同情心，乐于助人，待人真诚、宽厚。“己所不欲，勿施于人”、“君子成人之美，不成人之恶”、“躬自厚而薄责于人” 等，都是他做人的准则。

孔子对后世的影响极为深远，他在世时已被誉为“天纵之圣”、“天之木铎”、“千古圣人”，是当时社会上最博学者之一，并且被后世尊称为“至圣” （圣人之中的圣人）、万世师表。

孔子的思想及学说对后世产生了极其深远的影响。《论语》是儒家的经典著作，由孔子的弟子及再传弟子编纂而成，是一本记录孔子及其弟子言行的书。

1988 年，75 位诺贝尔奖获得者在巴黎发表联合宣言，呼吁全世界“21 世纪人类要生存，就必须汲取两千年前孔子的智慧”，由此可见孔子思想之伟大。

孟子：择邻三迁终成亚圣

孟子（约前372—前289），名轲，字子舆，邹（今山东邹县）人，是孔子之孙孔伋的再传弟子。中国古代战国时期的思想家、教育家、散文家、政治家，是著名儒家代表人物之一。他继承并发扬孔子思想，为儒家学说的发展立下了不朽的功勋。因此，人们把他尊为圣人，号称“亚圣”。

孟子远祖是鲁国贵族孟孙氏，后来家道衰微，从鲁国迁居到邹国。三岁丧父，孟母将其抚养成人。孟子并非是一个天生就有学问的人，他幼年时非常贪玩，不喜欢读书。后来，孟母为了教育他，给他一个好的学习环境而3次搬家。后人称之为孟母三迁。孟母教子甚严，其“迁地教子”、“三断机杼”，成为千古美谈，《三字经》里有“昔孟母，择邻处”之说。

在孟轲学走路的时候，孟母就非常重视对他的教育。最初，孟家住在一片坟地附近，常会看到来上坟、扫墓的人跪拜祭奠，哭哭啼啼。幼年的孟轲觉得非常有趣，就和小伙伴们在家门口用土垒起“小坟墓”，也哭祭起来。孟母正在堂屋里织布，忽然听得一群孩子大哭的声音，觉得非常奇怪，便放下机梭起身走到门口，向外一看，只见一群孩子跪的跪，拜的拜，假坟假墓、土香土烛，学得像模像样的在祭奠坟墓。孟母大吃一惊，孩子年幼无知，大人却该知道为孩子选择一个良好的环境。于是，孟母立刻带着儿子离开了这个地方。孟母将家搬到了一个集镇上。这里人来人往，车水马龙，是个热闹的地方。镇上开着不少的店铺，各式各样的买卖人高声吆喝、吹嘘着他们的货物。市场的喧闹嘈杂，买卖之间的斤斤计较、讨价还价，更使小孟轲兴奋极了，他的好奇心和求知欲得到了新的满足。日子一久，孟轲和小伙伴们一起用石子、木块在家里摆起了摊位，有的孩子扮演买东西的顾客，有的孩子扮演卖东西的老板，有时争得面红耳赤，有时双方满意成交，居然像真的一样。孟母见状，决定再次搬家。原以为这里人多或许能让孩子学到些有用的东西，谁知孩子却拿腔拿调做起了小商贩，好儿郎“学而优则仕”，学些商场上的尔虞我诈有何用？ 有了上两次的教训，第三次孟母把家搬到了一所学堂边。在这里，孟轲天天看到的是正襟危坐的先生和彬彬有礼的学童，听到的是诲人不倦的教导和琅琅上口的书声。于是，聪明的小孟轲也跟着他们学了起来，有时还会摇头晃脑地背起书来。直至有一天，小孟轲对妈妈说："妈妈，我要读书，你把我送进学堂里去吧。"孟母终于发出了舒心的微笑，她感到这次终于选对了地方。

对于孟子的教育，孟母更是重视。除了送他上学外，还督促他学习。有一天，孟子逃学回家，孟母正在织布，看见孟子逃学，非常生气，拿起一把剪刀，就把织布机上的布匹剪断了。孟母责备他说："你读书就像我织布一样。织布要一线一线地连成一寸，再连成一尺，再连成一丈、一匹，织完后才是有用的东西。学问也必须靠日积月累，不分昼夜勤求而来的。你如果偷懒，不好好读书，半途而废，就像这段被割断的布匹一样变成了没有用的东西。"孟子听了母亲的教诲，深感惭愧。从此以后专心读书，发愤用功，身体力行，终于成为一代大儒，被后人称为"亚圣"。

在孟子生活的时代，百家争鸣，"杨朱、墨翟之言盈天下"。孟子站在儒家立场加以激烈抨击。孟子师承子思（一说是子思的私淑弟子），继承和发展了孔子的思想，提出一套完整的思想体系。

孟子周游齐、晋、宋、薛、鲁、滕、梁列国，游说他的"仁政"和"王道"思想。后归而与弟子讲学著书，作《孟子》7篇。孟子维护并发展了儒家思想，提出了"仁政"学说和"性善"论观点，坚持以"人"为本。

他的思想对后世影响很大。《孟子》一书被封为儒家经典。南宋朱熹将其与《论语》、《大学》、《中庸》合为“四书”。元朝至顺元年（1330年），孟子被加封为“亚圣公”，以后就称为“亚圣”，地位仅次于孔子。其思想与孔子思想合称为“孔孟之道”。

屈原：中国第一位伟大的爱国诗人

屈原，名平，字原；约公元前340年出生，约公元前278年去世；湖北丹阳（今湖北秭归）人。

他是中国文学史上第一位伟大的爱国诗人，是浪漫主义诗人的杰出代表。作为一位杰出的政治家和爱国志士，他的爱祖国、爱人民、坚持真理、宁死不屈的精神，千百年来感召着无数中华儿女，在国家民族处于危难之际，这种精神的感召作用尤其明显。他的出现不仅标志着中国诗歌进入一个由集体歌唱到个人独创的新时代，而且他所开创的新诗体——楚辞，突破了《诗经》的表现形式，为中国古代诗歌创作开辟出一片新天地。

屈原出生于战国末期的楚国贵族家庭，和楚王一样姓芈，该姓出自黄帝颛顼族系的祝融氏。

屈原一生经历了楚威王、楚怀王、楚顷襄王三个时期，主要活动于楚怀王时期。这个时期正是中国即将实现大一统的前夕，“横成则秦帝，纵成则楚王”。

屈原是楚国贵族中的杰出人才。他精通历史、文学，洞悉各国形势和治世之道，二十多岁就做了楚怀王的左徒。屈原对内和楚王讨论国家大事，发布号令，对外接待宾客，应对诸侯。楚怀王起初对屈原极为信任，命他草拟法令，又让他出使齐国，联齐抗秦。

屈原的改革却招来了楚国贵族大臣们的坚决反对和嫉妒。反对者的代表是楚怀王的宠妃郑袖、儿子子兰和上官大夫靳尚。这些人目光短浅，妒贤嫉能，只想维护自己的贵族特权，却把国家的长远利益置之脑后。

楚怀王十五年（公元前304年），张仪由秦国到楚国，以重金收买靳尚、子兰、郑袖等人充当内奸，同时以献地六百里诱骗楚怀王，致使齐国和楚国断交。楚怀王受骗后恼羞成怒，两度向秦国发兵，均遭惨败。于是，屈原奉命出使齐国，与楚国重修旧好。其间，张仪又一次从秦国来到楚国，进行瓦解齐楚联盟的活动，使齐楚联盟未能成功。楚怀王二十四年，秦楚订立盟约，楚国彻底投入秦国的怀抱。郁郁不得志的屈原也被逐出郢都，到了汉北。

楚怀王三十年，屈原回到郢都。同年，秦国约楚怀王在武关相会，楚怀王非常轻信地来到武关，却被秦国扣留，最终客死秦国。

楚顷襄王即位后，继续实施“亲秦”政策，于是屈原再次被逐出郢都，流放至江南，辗转流离于沅水、湘水之间。这时，楚国基本上被秦国掌握，俯首帖耳，不敢有丝毫反抗。屈原对此痛心疾首，却又无能为力。眼看着国势日衰，民生多艰，屈原只好以诗歌来抒发自己忧国忧民的心情。

楚顷襄王二十一年（公元前 278 年），秦国大将白起攻破郢都，屈原悲愤不已，自沉汨罗江。

屈原死后，楚国百姓哀痛异常，纷纷涌到汨罗江边去凭吊屈原。我国人民为纪念屈原，每年农历五月初五都要过端午节，包粽子，赛龙舟。这个风俗后来传到朝鲜、日本、缅甸、越南、马来西亚、印尼等国。

屈原是一位热爱祖国的诗人，作品有《离骚》、《天问》、《九歌》、《九章》、《招魂》等二十多篇。其中，《离骚》是屈原的代表作，也是中国古代文学史上最长的一首浪漫主义的政治抒情诗。《天问》以问语一连向苍天提出了 172 个问题，涉及天文、地理、文学、哲学等许多领域，表现了诗人对传统观念的大胆怀疑和追求真理的科学精神。

诸葛亮：鞠躬尽瘁，智慧化身

诸葛亮，生于公元181年，卒于公元234年，字孔明。

他是三国时期杰出的政治家、军事家、战略家、散文家、外交家。史书记载其身高八尺，约为1.84米。后人特别推崇他的运筹帷幄，神机妙算，将其视为智慧化身。小说《三国演义》更是将其神化，其情节广为流传。其“鞠躬尽瘁，死而后已”的精神，已成为中华民族的宝贵财富。

公元181年，诸葛亮出生于琅邪郡阳都县（今山东省沂南县）的一个官吏之家。诸葛氏是琅邪的望族，先祖诸葛丰曾在西汉元帝时做过司隶校尉（卫戍京师的长官）。

诸葛亮的父亲诸葛珪，字君贡，东汉末年做过泰山郡丞。诸葛亮3岁丧母，8岁丧父，与弟弟诸葛均一起跟随由袁术任命为豫章太守的叔父诸葛玄到豫章赴任。后来，东汉朝廷派朱皓取代了诸葛玄的职务，诸葛玄就去投奔老朋友荆州牧刘表。

公元197年，诸葛玄病逝。诸葛亮失去了生活依靠，便移居南阳。

19岁的诸葛亮与友人徐庶等从师于水镜先生司马徽。诸葛亮看到刘表昏庸无能，不是命世之主，于是结庐襄阳城西20里的隆中山中，隐居待时。

诸葛亮在隆中隐居了10年。10年中，他广交江南名士，“每自比于管仲、乐毅”，爱唱《梁父吟》，结交庞德公、庞统、司马徽、黄承彦、石广元、崔州平、徐庶等名士。其智谋为大家所公认，有匡扶天下之志。诸葛亮密切注意时局的发展，所以对天下形势了如指掌。在隆中隐居期间，诸葛亮被称为“卧龙”，娶黄承彦之女黄月英为妻。

公元207年，诸葛亮27岁时，刘备三顾茅庐，会见诸葛亮，问以统一天下之大计。诸葛亮精辟地分析了当时的形势，提出了首先夺取荆州、益州作为根据地，对内改革政治，对外联合孙权，南抚夷越，西和诸戎，等待时机，两路出兵北伐，从而统一全国的战略思想。这次谈话即是著名的《隆中对》。

刘备听了诸葛亮这一番精辟透彻的分析，思想豁然开朗。他觉得诸葛亮人才难得，于是恳切地请诸葛亮出山，帮助他完成兴复汉室的大业。诸葛亮遂出山辅佐刘备，联孙抗曹，赤壁之战大败曹军，形成三国鼎足之势，夺占荆州，攻取益州，击败曹军，夺得汉中。

后来，刘备在成都建立蜀汉政权，诸葛亮被任命为丞相，主持朝政。

公元 223 年春，刘备在永安病危，召诸葛亮嘱托后事，他说："君才十倍于曹丕，必能安国，终定大事。若嗣子可辅助，便给以辅助；若其不才，您可取而代之。"

诸葛亮忙哭道："臣必竭心尽力相辅，效忠贞之节，死而后已！"

蜀国后主刘禅继位，诸葛亮被封为武乡侯，领益州牧。他建立丞相府以处理日常事务。当时，全国的军、政、财，事无大小都由诸葛亮决定，他赏罚极为严明。诸葛亮对外与东吴联盟，对内改善和西南各族的关系，实行屯田，加强战备。

公元 227 年，诸葛亮上疏（即著名的《出师表》）于刘禅，率军出驻汉中，前后 6 次北伐中原，无功而返。公元 234 年，诸葛亮终因积劳成疾，病逝于五丈原军中。

诸葛亮娴熟韬略，多谋善断，长于巧思。他曾革新"连弩"，可连续发射 10 支箭；制作"木牛流马"，便于山地军事运输；推演兵法，作"八阵图"。

诸葛亮是一个维护封建纲常和崇尚儒家忠义道德的正统思想家。但是，诸葛亮并不墨守儒家教条，他尊王而不攘夷，进兵南中，和抚夷越，在三国中执行了最好的民族政策。

诸葛亮以"鞠躬尽瘁，死而后已"的精神成为后世的楷模。

司马迁：超越自我，发愤图强

司马迁（公元前145—公元前90），字子长。西汉史学家，文学家。司马迁继承其父司马谈之职，任太史令，掌管天文历法及皇家书籍，因而得读所藏图书。撰写《史记》，人称其书为《太史公书》。是中国第一部纪传体通史，对后世史学影响深远，《史记》语言生动，形象鲜明，也是优秀的文学作品。司马迁还撰有《报任安书》，记述了他下狱受刑的经过和著书的抱负，为历代传颂。

司马迁为继承父亲司马谈的遗志，当上了太史令，开始从皇家藏书馆中整理选录历史典籍。在他的心目中，修史是一项崇高的事业，他愿意为此奉献一生。

于是，他到各地远游，考察历史古迹，搜集了许多珍贵的史料，了解了许多英雄豪杰和人民群众的动人故事。这更使他下定决心要把那些丰功伟绩记录下来，传给后人。

正当司马迁全身心地撰写《史记》之时，却遇上了飞来横祸。

在一次汉匈之战中，李陵率领 5 000 步兵深入到敌人腹地，虽然打击了匈奴几万人，但最终寡不敌众，李陵被匈奴逮住，投降了。

李陵投降匈奴的消息震动了朝野。汉武帝本希望他战死，却听说他投降了，非常愤怒，便把李陵的母亲和妻儿都下了监狱，还召集大臣，要他们议一议李陵的罪行。

满朝文武察言观色，趋炎附势，前几天还纷纷称赞李陵的英勇，现在却附和汉武帝，指责李陵的罪过。汉武帝询问司马迁的看法，司马迁非常痛恨那些见风使舵的大臣，见李陵出兵不利，就一味地落井下石。于是他一面安慰汉武帝，一面替帮李陵解释说："李陵平时孝敬母亲，对朋友讲信义，对人谦虚礼让，对士兵有威信，常常奋不顾身地急国家之所急，有国士的风范。虽然这次打了败仗，但他在救兵不至、走投无路的情况下，仍然杀敌无数。依李陵的人品选择投降而不去死，准有他的主意，他一定还想将功赎罪。"

汉武帝听了，勃然大怒，说："你这样替投降敌人的人强辩，不是存心反对朝廷吗？"于是下令将司马迁打入大牢。

司马迁被关进监狱以后，酷吏杜周严刑审讯司马迁，让他受尽了肉体和精神上的折磨。不久，有传闻说李陵曾带匈奴兵攻打汉朝。汉武帝信以为真，便草率地处死了李陵的母亲和妻儿，司马迁也因此被判了腐刑。

残酷的腐刑不仅摧残司马迁的肉体，还极大地侮辱了他的人格，悲痛欲绝的司马迁甚至想到了自杀。可后来他想到，人总有一死，但死的意义是不同的，“死或重于泰山，或轻于鸿毛”。他想到了孔子、屈原、左丘明和孙膑等人，想到了他们所受的屈辱以及所取得的骄人成果。司马迁顿时觉得自己浑身充满了力量，从此他不再有怨恨，也不再害怕。他只有一个信念，那就是一定要活下去，一定要把《史记》写完。

经过 6 年的艰苦写作，司马迁终于完成了“究天人之际，通古今之变，成一家之言”的巨著《史记》。

张衡：与星星为伴的天文学家

张衡（78—139），字平子。南阳西鄂（今河南南阳市卧龙区石桥镇）人。东汉时期伟大的天文学家，为我国天文学的发展做出了不可磨灭的贡献。在数学、地理、绘画和文学等方面，张衡也表现出了非凡的才能和广博的学识。张衡共著有科学、哲学和文学著作32篇，其中著名的有《灵宪》，文学作品有《归田赋》、《二京赋》等。为了纪念张衡的功绩，后人将月球背面的一环形山命名为“张衡环形山”，将小行星1802命名为“张衡小行星”。

张衡是东汉时期杰出的科学家。他从小就爱想问题，对周围新奇的事物，总要寻根究底，弄个水落石出。在一个夏天的晚上，小张衡和爷爷、奶奶在院子里乘凉。他坐在一张竹床上，仰着头，呆呆地看着天空，还不时地指指画画，认真地数着星星。

张衡对爷爷说："我看见有的星星位置移动了，原来在中间的，偏到西边去了。有的星星出现了，有的星星又不见了。它们不是在跑动吧？"

爷爷说道："星星确实是会移动的。你要认识星星，先要看北斗星。你看那边比较明亮的七颗星，连在一起就像一把勺子，很容易找到。"

"噢！我找到了！"小张衡很兴奋，又问："那么，它是怎样移动的呢？"

爷爷想了想说："大约到半夜，它就移到地平线上，到天快亮的时候，这北斗就翻了一个身，倒挂在天空……"

听了爷爷的话，小张衡十分兴奋，直到夜深人静，他还在院子里观察那满天的星星，天快亮的时候那闪烁而明亮的北斗星，果然是倒挂的。他十分高兴。他想：这北斗星为什么会这样转来转去？从此以后，张衡每天晚上都出去观察星星，寒来暑往从不间断。每当他遇到问题的时候，他就会带着问题，查遍书籍。

后来，张衡长大了，皇上得知他文才出众，把他召到京城洛阳担任太史令，主要掌管天文历法的事情。为了探明自然界的奥秘，年轻的张衡常常把自己关在书房里读书、研究，还常常站在天文台上观察日月星辰。他想，如果能制造出一种仪器，能够上观天，下察地，预报自然界将要发生的情况，既有利于人们预防灾害，也便于揭穿那些荒诞的迷信鬼话，该多好啊！于是，张衡把书本中和观察到的材料进行分析研究，开始试制“观天察地”的仪器。他把研究的心得写成一本书，叫做《灵宪》。在这本书里，他告诉人们：天是球形的，像个鸡蛋，天就像鸡蛋壳，包在地的外面，地就像蛋黄，这就叫做“浑天说”。

接着，张衡根据这种“浑天说”的理论，开始设计、制造仪器了。不知经过多少个风雨晨昏，熬过多少个不眠之夜，一个当时世界上最先进的天文仪器——浑天仪诞生了。这个大铜球很像今天的地球仪，它装在一个倾斜的轴上，利用水力转动，它转动一周的速度恰好和地球自转一周的速度相等。而且在这个人造的天体上，可以准确地看到太空中的星象。张衡说：“天上的星星，能看得见的共有 2 500 颗，但我们经常能看到的却只有 120 颗。”

后来，张衡经过努力钻研，又发明了世界上第一架能预报地震的仪器——地动仪。这个地动仪也是铜铸造的，形状像个酒坛子，四周铸着 8 条龙，每条龙口里含着一个小铜球。只要哪一条龙口中的铜球吐了出来，就预示着哪个方向发生地震了。

曹操：非常之人，超世之杰

曹操，公元155年出生，公元220年去世；字孟德，一名吉利，小字阿瞒，沛国谯郡（今安徽省亳州市）人。

他是三国时期著名的政治家、军事家、诗人，统一了北方，挟天子以令诸侯，戎马一生。他在北方屯田，兴修水利，解决了军粮缺乏的问题，对农业生产的恢复有一定作用；他唯才是举，网罗地主阶级中有才干的下层人物，抑制豪强，加强集权，所统治地区的社会经济得到恢复和发展；他精通兵法，著有《孙子略解》、《兵书接要》等书；他擅长诗歌创作，著有《蒿里行》、《观沧海》等诗篇，气魄雄伟，慷慨悲凉，他的散文极为清峻，著作有《魏武帝集》。

汉灵帝死后，大将军何进以外戚身份把持朝政。但在诛杀宦官时，反被伏击。而此时有“西凉之狼”之称的董卓带领大军接管京城。董卓入城不久，便改立汉少帝之弟刘协，即汉献帝。这时，大部分大臣纷纷逃出洛阳。曹操刺杀董卓失败后，逃至陈留，集结义兵，声讨董卓。

公元 190 年，各路大将推举家世显赫的袁绍为盟主，西讨董卓，但因各地将领心怀鬼胎，遂使义军失败。曹操在这场战役中，初次见到日后的死敌——刘备。

公元 193 年，董卓被王允、吕布所杀，二人又被董卓部下李傕、郭汜所杀。汉献帝乘乱与一众大臣逃出长安，但被李、郭二人所追捕。曹操接受荀彧、程昱的建议，迎接汉献帝到许昌。从此，曹操开始挟天子以令诸侯。其后，曹操以汉献帝的名义东征西讨，先后平定关东、关中一带，刘备也曾成为其部下。接下来，曹操便要面对他的“老朋友”——袁绍。

当时袁绍盘踞幽州、冀州、并州、青州，兵力雄厚，猛将如云。虽然曹操已成为中原霸主，但就兵力而言始终与其有一定距离。

公元 200 年，袁绍大军南下，与曹兵会战于官渡。最后曹操采纳降将许攸之计，亲率五千骑兵偷袭袁军粮仓。袁兵见军粮被烧而大乱，曹军乘势出击，袁绍败走。官渡之役奠定了曹操在北方的霸主地位。

官渡之战胜利后，曹操用数年时间稳定北方，并追击袁氏余党，袁绍兵败后不久病死。

公元 208 年，曹操亲率大军南征刘表。同年，刘表死，其次子刘琮继立。面对曹操如狼似虎的大军，刘琮决定出降，曹操轻易地接管荆州。可能因为荆州得来太过容易，曹操决定乘势东伐孙权，但孙权并非刘琮之流可比。

孙氏家族自孙策时已盘踞江东，至今已人心归顺。加上长江天险，孙氏政权已有一个稳定的基础。当孙权收到曹操东来的消息后，曾多次召开军事会议，会中主战派和主降派展开了激烈的争辩。最后孙权听从了周瑜和鲁肃的分析、建议，决定出战。

公元 208 年 12 月，孙权的大军在赤壁迎战曹军。周瑜用计火烧曹操军舰，曹军大败，从此曹操无力大举南征。如果说官渡会战决定了曹操在北方的霸主地位，那么赤壁兵败便是决定了曹操只可称雄北方的一战。

此后，曹操虽曾多次在东吴边境挑起战火，但双方均互有胜负。同时，刘备西定益州，自封汉中王。三足鼎立之势已成，盖世雄主曹操再无力改变这个事实。

公元 216 年，汉献帝册封曹操为魏王。

公元 220 年，曹操病逝，终年 66 岁。第二年，曹操长子曹丕称帝，建国号魏。他追尊曹操为武皇帝，庙号太祖。

曹操是中国历史上被误读较严重的政坛人物。作为我国四大文学名著之一《三国演义》的作者罗贯中，创作时在“拥刘反曹”的指导思想下，以蜀汉与曹魏的斗争为主线，吸收了史官叙事资料和民间的叙事话语。《三国演义》尊刘抑曹的倾向误导了好几代中国人，使许多史学家愤愤不平。曹操过去曾受不少历史学家的唾骂，野史中的许子将他称为“治世之能臣，乱世之奸雄”。孙盛著的《杂记》又说曹操自称“能我负人，毋人负我”。曹操颁发了世称“魏武三诏令”的求贤令，其中称有品行的人不一定有才能，有才干的人不一定有品德。他需要的是能臣，而不是循规蹈矩之士，这样更招致后人攻击。

最早对曹操作了比较全面而客观评价的是《三国志》的作者陈寿。他在《魏书·武帝纪》结尾的评语中对曹操给予了很高的评价，说曹操能够运用谋略，以武力征服天下，在斗争中采用了以申不害、商鞅为代表的法家思想，吸取了以韩信、白起为代表的战略战术思想，在用人方面能够量才录用，不计前嫌，因此终于将袁绍打败，完成了统一北方的大业。陈寿认为，实践证明，曹操的智慧、谋略是最为卓越的，为此最后给曹操下了一个“非常之人，超世之杰”的断语。

匡衡：凿壁偷光苦读书

匡衡，字稚圭，西汉著名经学大师，东海郡承县（今山东苍南兰陵）人。匡衡任少傅数年，多次向皇帝上疏，陈述治国之道，并经常参与研究讨论国家大事，按照经典予以答对，博得元帝信任。元帝时为丞相，封乐安侯，辅佐皇帝，总理全国政务。

西汉时，有个农民的孩子，叫匡衡。他很想读书，可是因为家里穷，没钱上学。后来，他跟一个亲戚学会了认字，才有了看书的能力。那个时候，书非常贵，匡衡买不起书。同乡有个富翁家中藏书很多。匡衡就去他家做工，从不收分文工钱。富翁感到很奇怪，问匡衡为什么？匡衡说："我不想要工钱，只希望您能把家中的书都借给我读，我就心满意足了。"富翁听了，被他那种勤奋好学的精神深深打动，就答应了他的请求。从此，匡衡就有了极好的读书机会。富翁家丰富的藏书，加上匡衡本人的勤奋努力，终于把匡衡造就成一位知识渊博的学者。当时的读书人中甚至流传着这么几句话：“无说《诗》，匡鼎来；匡说诗，解人颐（没有人能解说《诗经》，匡衡恰好来了；匡衡给大家解说了《诗经》的疑义，大家开心得都笑起来。）。”可见他声誉很高。当时，许多读书人都拜他为师，跟他学习。

过了几年，匡衡长大了，成了家里的主要劳动力。他一天到晚在地里干活，挣钱糊口，只有中午歇晌的时候，才有工夫看一点书，所以一卷书常常要十天半月才能读完。匡衡很着急，心里想：白天种庄稼，没有时间看书，我可以多利用一些晚上的时间来看书。可是匡衡家里很穷，买不起点灯的油，天一黑，就无法看书了。匡衡心疼这浪费的时间，怎么办呢？他的邻居家里很富有，一到晚上好几间屋子都点着灯，把屋子照得通亮。匡衡有一天鼓起勇气，对邻居说：“我晚上想读书，可买不起灯油，能否借用你们家的方寸之地呢？”邻居一向瞧不起比他们家穷的人，就恶毒地挖苦说：“既然穷得买不起灯油，还读什么书呢！”匡衡听后非常气愤，不过他更下定决心要把书读好。

有一天晚上，匡衡躺在床上背白天读过的书。背着背着，突然看到东边的墙壁上透过来一线亮光。他霍地站起来，走到墙边一看，啊！原来从壁缝里透过来的是邻居家的灯光。于是，匡衡想了一个办法：他拿了一把小刀，把墙缝挖大了一些。这样，透过来的光亮也大了，他就凑着透进来的灯光，读起书来。通过这样刻苦地学习，匡衡积累了丰富的知识。

后来他做了汉元帝的丞相，成为西汉时期有名的学者。

祖逖：闻鸡起舞

祖逖（266—321），字士稚。范阳遒县（今河北涞水北）人。西晋末年祖逖率部渡江，中流击楫，发誓收复中原。祖逖采取灵活策略，屡破石勒，使黄河以南尽为晋土。当祖逖练兵积谷，为进取河北做准备时，晋元帝司马睿担心祖逖的发展对他不利，遂任戴渊为征西将军，都督北方六州军事，节制祖逖。祖逖眼看北伐无成，忧愤成疾，死于军中。

晋代的祖逖是个胸怀坦荡、具有远大抱负的人。可他小时候却是个不爱读书的淘气孩子。进入青年时代，他意识到自己知识的贫乏，深感不读书无以报效国家，于是就发愤读起书来。他广泛阅读书籍，认真学习历史，从中汲取了丰富的知识，学问大有长进。他曾几次进出京都洛阳，接触过他的人都说，祖逖是个能辅佐帝王治理国家的人才。祖逖 24 岁的时候，曾有人推荐他去做官，他没有答应，仍然不懈地努力读书。

在 1 600 多年以前的西晋末期，黄河流域曾经发生过一场大战乱。这场战乱首先从皇族内部开始，当时有 8 个皇室亲王为了争夺朝廷大权，互相攻打，一连打了 16 年，死了三十多万人。从此，中原地区成了一个大战场，先后有 5 个少数民族建立政权，出现了 16 个国家。

后来，祖逖和幼时的好友刘琨一同担任司州主簿。他与刘琨感情深厚，不仅常常同床而卧，同被而眠，而且还有着共同的远大理想：建功立业，复兴晋国，成为国家的栋梁之才。他们每天都在一起研究兵书，切磋武艺。一天半夜，祖逖在睡梦中听到公鸡的鸣叫声，他一脚把刘琨踢醒，对他说："别人都认为半夜听见鸡叫不吉利，我偏不这样想，咱们干脆以后听见鸡叫就起床练剑如何?"刘琨欣然同意。于是他们每天鸡叫后就起床练剑，剑光飞舞，剑声铿锵。春去冬来，寒来暑往，从不间断。功夫不负有心人，经过长期的刻苦学习和训练，他们终于成为能文能武的全才，既写得一手好文章，又能带兵打仗。祖逖被封为镇西将军，实现了他报效国家的愿望；刘琨做了都督，兼管并州、冀州、幽州的军事，充分发挥了他的文才武略。

成语"闻鸡起舞"由此而来，形容发愤有为，也比喻有志之士，及时振作。

王羲之：吃墨的书法家

王羲之（约321—379），字逸少，号澹斋。东晋琅琊临沂(今山东临沂）人，居会稽山阴（浙江绍兴）。大书法家。为人坦率，不拘礼节，从小就不慕荣利。被后人尊为“书圣”。官至右军将军，会稽内史，人称“王右军”。书法代表作《兰亭序》。

王羲之是我国东晋时的大书法家。他出身士族，加之才华出众，朝廷中公卿大臣都推荐他做官。他做过刺史，当过右军将军（人们也称他王右军）。王羲之从小喜欢写字，几乎到了痴迷的程度。据说他平时走路的时候，也随时用手指在衣服上比划着练字，日子一久，连衣服都被划破了。经过勤学苦练，他的书法也越来越有名，人们都把他写的字当宝贝看待。

王羲之小时候练字用坏的毛笔，据说堆在一起都变成了一座小山，人们叫它“笔山”。他家的旁边有一个小水池，他每天练完字后常在这水池里洗毛笔和砚台，时间长了这小水池的水居然都变黑了，人们就把这个小水池叫做“墨池”。长大以后，王羲之的字写得更加好了，但他还是坚持每天练字。有一天，他聚精会神地在书房练字，连吃饭都忘了。夫人叫丫环送来了他最爱吃的蒜泥和馍馍，催着他吃，他好像没有听见一样还是埋头写字，全然没有听见丫环的话。没有办法，丫环只好跑去告诉夫人。等夫人和丫环来到书房的时候，看见王羲之正拿着一个沾满墨汁的馍馍在往嘴里送，弄得满嘴乌黑。她们忍不住笑出了声。原来，王羲之边吃边练字，眼睛还看着字的时候，错把墨汁当成蒜泥。夫人心疼地对王羲之说：“你要保重身体呀！你的字写得很好了，为什么还要这样苦练呢？”王羲之抬起头，回答说：“我的字虽然写得不错，可那都是学习前人的写法。我要有自己的写法，自成一体，那就非下苦工夫不可。”经过一段时间的艰苦摸索，王羲之终于写出了一种妍美流利的新字体。大家都称赞他写的字像彩云那样轻松自如，像飞龙那样雄健有力，他也被公认为我国历史上杰出的书法家之一。

王安石：好学不倦

王安石（1021—1086），字介甫，号半山，小字獾郎，封荆国公，世人又称王荆公，世称临川先生。宋临川人（现为抚州东乡县上池自然村）。北宋杰出的政治家、思想家、文学家、改革家，唐宋八大家之一。在北宋文学中具有突出成就。其诗“学杜得其瘦硬”，长于说理与修辞，善用典，风格遒劲有力，亦有情韵深婉之作。著有《临川先生文集》。

王安石从小好学不倦，据说他连吃饭睡觉的时候，手中的书也不肯放下。他的学习兴趣很广泛，不管是儒家的经书，古代的史书，还是哲学著作、诗歌，甚至是医书，他都认真阅读。不仅学习书本知识，就连种田的学问、妇女缝衣绣花的功夫，他都留心注意。

22 岁时，王安石考中了进士，被派到扬州做淮南判官。在官府里，办公以外的时间他都是在埋头读书，甚至连睡觉的时间都牺牲了。有时他读书一直到天亮，实在支持不住，才睡上一两个小时。然后便匆匆起床，胡乱穿上衣服，到府里去办公，常常连脸都顾不上洗。因此，人们总看到他一副蓬头垢面的模样。

当时担任扬州知府的是韩琦，他见这个科第出身的官员如此不修边幅、放浪形骸，就怀疑他夜间不务正业。为此，韩琦多次好心地劝告王安石说："你年纪轻轻，前途不可限量，要自爱才是。千万不能自暴自弃，误入歧途啊！"王安石听了，只是连声感谢知府的教诲，一句辩解的话也没说。后来，韩琦偶然得知王安石之所以衣冠不整、面容憔悴是因为通宵达旦苦读的缘故，心中大为赞赏，从此便对王安石另眼相看了。

宋仁宗庆历七年，王安石改任鄞县知县。刚一到任，他就给自己定了一个规矩：七天里，拿出两天时间集中处理公务，其余时间全部用在读书和写作上面。每当他得到一本新书，就昼夜不分、专心致志地去诵读，简直到了痴迷的程度。

王安石几十年如一日博览群书，成效十分显著。孜孜不倦的读书学习，使王安石的眼界越来越宽广，学识越来越渊博，后来终于成为杰出的政治家和文学家。

鲁迅：以笔为戈，战斗一生

鲁迅，1881年9月25日出生，1936年10月19日去世；原名周树人，字豫山，后改为豫才。

他是我国现代伟大的文学家、思想家、革命家，世界十大文豪之一。他以笔为戈，战斗一生，被誉为现代文学的一面旗帜，又被誉为“民族魂”。毛泽东评价他是“中华文化革命的主将”。“横眉冷对千夫指，俯首甘为孺子牛”是他一生的写照。

鲁迅出生于浙江绍兴，在他13岁那年，他的原来在京城做官的祖父因科举舞弊案入狱，此后他的父亲又长期患病，终至死亡，家境开始衰败。

家庭的变故对少年鲁迅产生了深刻的影响。他是家里的长子，上有孤弱的母亲，下有幼弱的弟妹，他不得不同母亲一起承担起生活的重担。

1898 年，18 岁的鲁迅怀揣着慈母多方设法筹借的 8 块银元，进了南京水师学堂，后来又改入南京路矿学堂。其间，鲁迅阅读了外国文学和社会科学方面的著作，开阔了视野。特别是严复翻译的英国人赫胥黎著的《天演论》，给鲁迅以深刻的影响。

1902 年，鲁迅东渡日本，开始在东京弘文学院补习日语，后来进入仙台医学专门学校。鲁迅选择学医，目的是救治像他父亲那样被庸医所害的病人，改善被讥为“东亚病夫”的中国人的健康状况，但他的这种梦想并没有维持多久，就被严酷的现实粉碎了。

在日本，鲁迅经常受到具有军国主义倾向的日本人的歧视。在他们的眼睛里，凡是中国人都是“低能儿”。鲁迅的解剖学成绩是 59 分，就被他们怀疑为担任解剖课的教师藤野严九郎把考题泄露给他，这使鲁迅深感作为一个弱国子民的悲哀。

有一次，在上课前放映的幻灯片中，鲁迅看到一个中国人被日本军人捉住杀头，一群中国人却若无其事地站在旁边看热闹，鲁迅受到极大的刺激。这使他充分认识到，精神上的麻木比身体上的虚弱更可怕。要改变中国人，首先应改变的是所有中国人的精神，而善于改变中国人的精神的，则首先是文学和艺术。于是，鲁迅弃医从文，离开仙台医学专门学校，回到东京，翻译外国文学作品，筹办文学杂志，发表文章，从事文学活动。

1918年，鲁迅在《新青年》杂志上发表了他的第一篇白话小说《狂人日记》，这是他第一次用“鲁迅”这个笔名发表文章，《狂人日记》也是中国现代文学史上第一篇白话小说。这篇小说通过“狂人”之口，把几千年的中国封建专制的历史痛斥为“吃人”的历史，大声疾呼“救救孩子”。

鲁迅的小说作品数量不多，意义却十分重大。鲁迅把目光集中到社会最底层，描写这些底层人民的日常生活状况和精神状况。在《孔乙己》里，有恶意嘲弄孔乙己的短衫顾客；在《阿Q正传》中，别人欺侮阿Q，阿Q则欺侮比自己更弱小的小尼姑；在《祝福》中，鲁镇的村民把祥林嫂的悲剧当做有趣的故事来欣赏……鲁迅对他们的态度是“哀其不幸，怒其不争”。

除小说《呐喊》、《彷徨》之外，鲁迅还著有散文集《朝花夕拾》和散文诗集《野草》。前者出版于1928年，后者出版于1937年。

最能充分体现鲁迅创造精神和创造力的首推他的杂文。鲁迅的杂文可以说是中国现代文化的一部“史诗”。从五四运动起，鲁迅就开始用杂文的形式与反对新文化的各种不同论调进行斗争，但那时他还是不自觉的。后来一些人嘲笑他是一个

“杂文家”，他才更明确地意识到杂文的力量，并且开始自觉地从事杂文的创作。

鲁迅的小说、散文、诗歌、杂文共有10篇（首）被选入中小学语文课本，小说《祝福》、《阿Q正传》等先后被改编成电影。北京、上海、广州、厦门等地先后建立了鲁迅博物馆、纪念馆等，鲁迅的作品被译成英、日、俄、西班牙、法、德等50多种文字，在世界各地拥有广大的读者。

李四光：华夏地质学的奠基人

李四光（1889−1971），我国杰出的地质学家，地质力学的创造者和新中国地质事业的开拓者与奠基人。他以独到的学术见解创立的地质力学，不仅圆满地解决了各种地质构造型式的形成机制，而且成功地指导了找矿工作。根据他的理论，我国相继发现了大庆油田、胜利油田、大港油田等重要油田，为祖国的社会主义建设做出了卓越贡献。在国际上他也享有很高的声誉。

李四光小时候经常和小伙伴们在一块在大草坪上玩捉迷藏的游戏。小朋友有的藏在草垛背后，有的藏在大树背后，而他最喜欢藏在一块大石头的背后。有一天，小四光突然想到，在平整的草坪上，这块凸起的大石头屹立在这儿，显得十分不相称。李四光去问村里见多识广的陈二爹草坪上的那块石头是从哪里来的？陈二爹告诉他听别人说，它是从天上掉下来的。

小四光更不明白了，就又去问爸爸："爸爸，陈二爹说草坪上那块石头是从天上掉下来的。您说是真的吗？""也有可能。天上的流星落到地上，就变成了石头，叫'陨石'。"

"真是从天上落下来的？""我也不能确定。"李四光感到很不满足，父亲又回答不了他，他就下决心，一定要当个科学家，探求其中的奥秘。

李四光从小上的是私塾，后来到武昌求学。他到武昌水陆街的湖北省学务处报名，小心谨慎地从钱袋里掏出一元钱买了张报名表。由于工作人员态度不好，弄得他很紧张，在填表时把自己的年龄（十四）填在了姓名栏里。填错了就得重新买一张报名表，对借钱来读书的李四光来之不易。他想了想决定把原名李仲揆改了，他把"一"改成了"李"，把"四"保留了下来。"李仲揆"变成了"李四"，他觉得太俗，这时他抬头看到大厅中央一块横匾上有四个大字："光被四表"，于是就在"李四"后面加了一个"光"字。

李四光童年的时候，家庭生活是非常艰苦的。一家数口仅靠父亲办私塾收缴学生的一点学费来勉强维持，如果遇上灾荒年，私塾的学生少了，就有断粮断炊的危险，不得已时也只好从当地的地主家里借粮。所以，李四光的母亲也经常纺线织布，换些零用钱。特别是李四光的父亲为人耿直，爱打抱不平，曾经因与黄冈的革命党人有来往被迫逃离家乡，去南京躲了一年多，家庭生活就更加艰难了。这一切，对童年的李四光影响很大。当他 50 多岁的时候，还不时想起幼年的苦难，深为自己的父母所忍受的种种苦楚而痛心。正是在这个家庭的影响下，李四光从小就养成了勤劳的习惯。他常常帮着妈妈打柴、舂米、推磨、扫地、提水、放羊、割草等，几乎样样事情都能干。

李四光以优异成绩考入武昌高等小学堂，没过几年，便被保送到日本留学。在学校，李四光学习刻苦，生活依旧清贫。每月收到的官费用于必需的开支后，已所剩无几。为了省钱，他常常把生米放进暖水瓶中，加上开水，浸泡一夜，第二天，就着咸菜一起吃下去。

李四光非常关心祖国的命运。经常步入留学生会馆听演讲、听报告，结识了许多民主革命家。他还剪掉自己的辫子，表示站在革命一边，拥护革命。1905 年 7 月，李四光终于在东京见到了他敬仰的伟大的民主革命先行者孙中山先生，并参加了孙中山领导的革命组织——“中国同盟会”的成立大会和宣誓仪式。孙中山曾亲切地摸着李四光的头说，你小小年纪就参加革命，很好，一定要“努力向学，蔚为国用”。当时，李四光年仅 16 岁。

1913 年 7 月，李四光去了英国伯明翰大学学习采矿专业，他想学成归国后把我国的铁矿开采出来，炼成钢，这样就有造船的材料了。可是一年后，他又决定改学地质，因为他觉得，如果不知道矿藏在哪里是不能开采的，还是不能达到目的。这样，学地质便成了他终生的选择。

新中国建立之后，李四光根据数十年来对地质力学的研究，从他建立的构造体系，特别是新华夏构造体系的特点，分析了我国的地质条件，说明中国的陆地一定有石油。毛泽东、周恩来在认真听取了汇报后，支持了他的观点，并根据他的建议，在松辽平原、华北平原开始了大规模的石油普查。从20世纪50年代后期至60年代，勘探部门相继找到了大庆油田、大港油田、胜利油田、华北油田等大型油田，在国家建设急需能源的时候，使滚滚石油冒了出来。这样，不仅摘掉了“中国贫油”的帽子，也使李四光独创的地质力学理论得到了最有力的证明。

李四光晚年极大地关注地震研究。他经常分析大量的观察资料，还冒着动脉瘤破裂的危险，多次深入实地考察地震的预兆。逝世的前一天，他还恳切地对医生说：“只要再给我半年时间，地震预报的探索工作就会看到成果的。”

李四光把自己一生的辛勤劳动都献给了伟大的祖国和人民！

郭沫若：勤学一生

郭沫若（1892—1978），原名郭开贞，笔名郭鼎堂，号尚武，笔名沫若。生于四川省乐山县观娥乡沙湾镇。是我国现代著名的作家、诗人、剧作家、考古学家、思想家、古文字学家和著名的革命活动家。主要作品有：《女神》、《屈原》、《虎符》、《蔡文姬》、《武则天》、《牧羊哀话》、《死的诱惑》、《凤凰涅槃》、《地球，我的母亲》、《炉中煤》、《王昭君》、《聂莹》、《卓文君》、《咏秦良玉》等。

郭沫若是我国现代文化史上一位才学卓著的文豪。曾任中国科学院院长。他在文学艺术、历史、考古、古文字学以及其他很多方面，都有重要建树。

郭沫若在小学一年级的时候，老师讲历史课——《十六国春秋》，当中有许多胡人的名字，跟外国人的名字一样，非常难记，所以记住人名便成为当时历史课的一大难关。有一天，学校没有课，郭沫若就约了一位要好的同学躲进一间阴暗的教室里，两人苦读硬记，然后进行比赛，看谁先背下来，当他们把整本历史课本一字一句背得滚瓜烂熟的时候，天都快黑了，这时他们才走出屋子。

在后来的学习日子里，即使在放假期间，郭沫若也手不释卷，天天苦读。在一年年假期间，他把司马迁写的《史记》，从头到尾通读了一遍，并一篇篇进行分析、校订和评价，在旁边写下批注，连《伯夷列传》里有一句被历代注释家解释错的话，都被他发现了，他还加以校正。对书中的一些精辟言论和难得的资料，郭沫若视为珍宝，不惜花费时间和精力整篇整段地把它抄录下来，放在案头，准备随时翻阅学习。

郭沫若一生写了大量的诗词和文章，论著宏富。他从事著述有个习惯，就是从来不让旁人代为抄写，一律都是自己动手。在他年近80高龄撰写《李白与杜甫》这部研究性著作时，因视力减退，写作不便，有人提议让别人代抄，但他坚决不同意。他的书不少都是前后几次易稿，而且全都是他亲自逐字逐句地反复进行斟酌、锤炼、修改和抄写而成。

郭沫若一生勤奋苦学的精神，的确值得我们学习。

贾兰坡：自强不息，奋发向上

贾兰坡（1908—2001），字郁生，曾用笔名贾郁生、周龙、蓝九公。出生在河北省玉田县刑家坞村。我国著名的旧石器考古学家、古人类学家、第四纪地质学家，中国科学院资深院士、美国国家科学院外籍院士、第三世界科学院院士。继裴文中1929年发现第一个头盖骨之后，他在1936年11月连续发现3个“北京人”头盖骨，震惊了国际学术界。他是一位没有大学文凭却攀登上科学殿堂顶端的传奇式人物。

贾兰坡小时候家庭困难，高中毕业后，父母实在无力供他继续求学。但是自强不息的贾兰坡奋发向上，于1931年考进了中国地质调查所，并参加了周口店的挖掘考古工作。

1936年11月，年仅28岁的贾兰坡在11天内连续发现了

3个北京猿人的头盖骨，这个发现一公布就轰动了全世界。按理说当时的贾兰坡应该说已经是有所成就了，但他并没有满足，他还在不断地学习考古知识。他为何这样不肯间断地学习考古知识呢？

在一次中央电视台《东方之子》访谈节目中，他自己说出了答案。他清晰地记得老师杨钟健指导他的话：“你要搞好考古这门科学，就要学会‘四条腿’走路。第一条腿是地质学，你得了解；第二条腿是人类学，你得了解；第三条腿是哺乳动物学，你得了解；第四条腿，石器，你还得了解。这‘四条腿’在一起走，才是完整的，才是成功的。”

为了让这“四条腿”能够一起走，在他70年的考古生涯中，贾兰坡不知爬过了多少荒山，进过多少人迹罕至的山洞。他说，仅在广西，他就钻了八百多个洞穴。野外考察经常在野地里，一块干粮，一壶水，就是一天的粮食。这70年的苦没有白受，他在工作中不间断地钻研，不间断地思考，终于掌握了古人类学的专业知识。

贾兰坡独具慧眼，在非常复杂的历经百万年的沉积物中，他能确切地识别出具有考古价值的化石，这是他的绝活。为了掌握这个技术，他花费了很大的工夫。人身上的骨头，他要一块一块去熟悉。他说：“比如这个手腕子，虽然很小，却有7块骨头。我要一块一块记住它们的形状。我练习在黑暗中用手摸，到最后，不用看，用手一摸就知道是哪一块骨头。”

贾兰坡不仅考古经历丰富，还阅读了很多书籍，并著书二十余部，发表论文及专著共三百余种，在考古学的诸多领域里都有很大成就。

在古人类学界，贾兰坡的名字被刻在周口店的历史上，他被誉为周口店遗址的当家人。

张中行：布衣学者

张中行（1909–2006），原名张璇，河北香河人，著名学者、散文大家。1935年毕业于北京大学中国语言文学系，曾在天津中学、保定中学任教，后到北京大学任教，与季羡林、金克木合称“燕园三老”；也和季羡林、金克木、邓广铭三位先生并称为“未名四老”。新中国成立后，长期在人民教育出版社工作，曾任人民教育出版社特约编审，直至1997年。张中行治学61年，20世纪80年代开始散文创作，出版散文集《负暄琐话》、《负暄续话》、《负暄三话》、《禅外说禅》、《说梦草》、《顺生论》、《流年碎影》等，另著有《文言与白话》、《文言津逮》、《诗词读写丛话》、《佛教与中国文学》等，收录于《张中行作品选》（八卷，共406万字）。主编及参编的著作有《文言常识》、《文言文选读》（三册）、《古代

散文选》（三册）及中学通用语文教材等。

生日蜡烛后，驾鹤而去。“都市柴门”随之关闭，“布衣学者”就此远行。

张中行先生是真正学贯中西的大家，其对语言、文学、哲学、宗教、历史、戏剧、文物、书法……的学识之渊博，文化界早有公论。已故著名学者吴祖光曾经说：“我那点儿学问纯粹是蒙事，张中行先生那才是真学问。”

对于张中行，季羡林曾评价他“学富五车，腹笥丰盈”，并用“高人、逸人、至人、超人”来形容这位老友。而张中行作为学者型散文家是在80岁左右的晚年才“暴得大名”，人称“文坛老旋风”，曾有人把他的《顺生论》誉为“当代中国的《论语》”。然而，除却学问与文采，张中行给同道、亲人、后辈留下印象最深的应是为人的坦诚，无论是对爱情、事业、生活还是社会，他总能坦然直言，从不保留，无怪至交启功定义他“既是哲人又是痴人”。

张中行是一匹老黑马，没有伯乐发现他。80岁时，适逢天时地利人和，他独自闯了出来，获得了“文学家”、“哲学家”、“杂家”、“教育家”等多顶桂冠。曾有好事者问先生最想要的是哪一顶，他说“思想家”！社会承认与否且不论，事实上自大学时代末期始，张中行便对哲学产生了浓厚兴趣。他说他的《民贵文辑》最能体现他的思想。“民贵”，取自孟子

"民为贵，社稷次之，君为轻"。其哲学著作《顺生论》引人关注，被称为"当代中国的《论语》"，启功誉其为"整个一部《春秋繁露》"。

据张中行的女儿说，别人对父亲的称呼是"文学家"、"哲学家"，但父亲却说自己是思想家。"他很喜欢思考，他看待任何事情都是思辨的。"也正是因为这样，张中行认为，在自己的所有作品中，《顺生论》是他最费力气，也是最喜欢的一本。"这本书里，有他对人生的所有看法。"《流年碎影》是张中行的自传，他的女儿张文说，启功先生就曾经评价父亲的自传是"写思想的自传"。"启功先生说，别人的自传都是写事，但父亲的自传却写的是思想，这就是他和别人的不同。"可是，张先生却永远认为自己还太不够，他老是说："我这辈子学问太浅，让高明人笑话。"当别人摇头时，他便极认真地解释："可不是吗？要是王国维先生评为一级教授，那么二级没人能当之。勉强有几位能评上三级，也轮不上我。"

改革开放以后，随着中国社会的逐渐清明，已到古稀之年的张中行先生亦老树发新芽，开始了散文随笔的创作。这一写竟如大河开冻，滚滚滔滔，流出了以"负暄三话"为代表的上百万字的文章，一时举国上下，书店书摊，到处摆着张中行著作，国人争读，影响巨大。著名作家、藏书家姜德明先生说："张先生的代表作《负暄三话》对当代散文深有影响，扩大了散文天地，开阔了读者眼界，提高了人们的鉴赏和写作水平，是功不可没的，值得后人永远珍视。”北京文联研究部主任张恬女士评价：“他的文人气质有承接传统的一面，但比起传统的学者散文，他却多了思考，且不乏真知灼见。他的离去，似乎结束了一个时代。”

在中国文化界，张中行先生被称为“布衣学者”。像张中行这样的国宝级国学大师，在中国是并不多见的，然而他始终把自己视为一介布衣。他出身农家，一生始终保持着平民知识分子本色，不贪热闹、不慕名利、不钻官场、不经营自己。他打从心底里把自己看得普普通通，自道“我乃街头巷尾的常人”。

张中行一生清贫，在 85 岁以前他一直居住在北大燕园，直到 85 岁时，才在北京祁家豁子华严里小区分到了一小套简朴的三居室。整个家没进行任何装修，白墙灰地，屋里除两个书柜半新着，旧书桌已旧成古董，破藤椅腿上打着绷带。无怪乎老人为自己的住所起了个雅号叫“都市柴门”。他的书房里书卷气袭人，桌上摊着文房四宝和片片稿纸，书橱内列着古玩，以石头居多。因而，张中行谦称书房像“仓库”。

张中行做人实在，也很节俭，大部分的钱都用来买书。一次一个晚辈给张中行送来一瓶“人头马”，偏偏他只认“二锅头”，将这瓶“贵客”丢在屋角。张中行看报纸上说“人头马”值一千八，想喝了吧，但一想到喝一两就相当于喝掉了 180 块钱，实在下不了口；送人吧，又怕背上巴结他人之嫌；卖了吧，拿晚辈的人情换钱，怕日后见面不好交代。这竟然成了张中行一件烦恼的事。文物史家史树青格外推崇张中行的为人说："他是一个真正的知识分子，一生低调处事，淡泊为人。"不事宣扬，崇尚容忍是大多数人对张中行的最深印象。张中行曾说："对不同意见，我一是尊重，二是欢迎，三是未必接受，四是决不争论。"在与杨沫长达半个世纪的恩怨情仇里，无论外界如何众说纷纭，张中行始终沉默以待，让人们看到了他的广阔胸襟。

大概正因为如此，张中行有着很多崇拜者，后来竟成为了他的挚友。中国人民解放军总参谋部兵种部原政委田永清将军说："在十几年的交往中，知识渊博、人品高尚的张老给了我极多的教益。我感到现在有些人是有知识没文化更缺乏道德，而张老身上处处体现着中国传统知识分子的美德。"另一位孙健民将军说："虽然张老是文人，我是军人，但他的确感召着我，也感召着我们部队的许多干部和战士。我们不但学他的文章，也学他怎样做人。"

从张中行的为人处事中我们可以看出他真正领悟到了"顺生"二字，第一顺其自然的生命规律，淡泊名利，不跟自己较劲；第二顺从内心的道德律令，不做违背良心的事，不与别人为难。这是他能长寿的重要原因，这也是中国传统文化的精髓。张中行为人古朴，崇尚古风，文亦如其人。

从行文上说，他的文章开头喜欢旁征博引，下笔千言如行云流水。不似今人“开门见山”，“直奔主题”。他的行文过程就是“思”的过程。初看上去不见庐山真面目，但只要你循次而入，便会渐入佳境，观出东西南北来。他长于将自己的喜怒哀乐化为一缕缕哲思，融入他对人生的体察观照之中。看上去是“琐话”、“琐事”，但记的都是可传之人、可感之事和可念之情。平淡冲和，清隽优雅，在不动声色之间记人叙事。北大忆旧中所写的人物，虽是散文，却像小说一样把人写活了。数十年来我们所读的文章，大都剑拔弩张，令人见之生畏，读之生厌；再欣赏张中行的文字，那样朴实、清淡，典雅可人，自然便受到了读者的追捧。

启功说张中行的“散文杂文，不衫不履，如独树出林，俯视风云”。

对他的文章，周汝昌先生也有贴切的评论：“你从他的文笔看得出，像他论砚一样，那是外有柔美，内有刚德。其用笔，看上去没有什么‘花哨’，而实际上绝非平铺直叙，那笔一点儿也不是漫然苟下的。”“读他老的文字，像一颗橄榄，入口清淡，回味则甘馨邈然有余。这里面也不时含有一点苦味。”

一个人能活到将近百年而受到如此的景仰，念着他的名字与承接传统的话题相衔相接，这个人是我们伟大中华文化的精英。

华罗庚：初中文凭打天下

华罗庚 (1910–1985)，中国著名数学家，中国科学院院士。他在多元复变数函数论方面的贡献，影响到世界数学的发展。他在解析数论方面的成就尤其广为人知，国际间颇具名气的中国解析数论学派即是以华罗庚为首开创的学派。该学派对于质数分布问题与哥德巴赫猜想作出了许多重大贡献。按丘成桐的看法，他是三个对当代世界数学潮流有影响的中国数学家之一。另两个人是：陈省身和冯康。为了纪念他，目前中国甚至成立了一所以他命名的数学学校以培育更多的数学人才。

在中国，有一位家喻户晓的数学家，他自学成才，名震海内外，被誉为数学天才，他就是华罗庚。华罗庚 1910 年 11 月 12 日生于江苏金坛，1930 年后在清华大学任教。1936 年赴英国剑桥大学访问、学习。1938 年回国后任西南联合大学教授。1946 年赴美国，任普林斯顿数学研究所研究员、普林斯顿大学和伊利诺斯大学教授，1950 年回国。历任清华大学教授，中国科学院数学研究所、应用数学研究所所长、名誉所长，中国数学学会理事长、名誉理事长，全国数学竞赛委员会主任，美国国家科学院国外院士，第三世界科学院院士，联邦德国巴伐利亚科学院院士，中国科学院物理学数学化学部副主任、副院长、主席团成员，中国科学技术大学数学系主任、副校长，中国科协副主席，国务院学位委员会委员等职。曾任一至六届全国人大常务委员会委员，六届全国政协副主席。曾被授予法国南锡大学、香港中文大学和美国伊利诺斯大学荣誉博士学位。主要从事解析数论、矩阵几何学、典型群、自守函数论、多复变函数论、偏微分方程、高维数值积分等领域的研究与教授工作，并取得了突出成就。20 世纪 40 年代，解决了高斯完整三角和的估计这一历史难题，得到了最佳误差阶估计（此结果在数论中有着广泛的应用）；对哈代与李特尔伍德关于华林问题及赖特关于塔里问题的结果作了重大的改进，至今仍是最佳纪录。从 20 世纪 60 年代开始，他把数学方法应用于实际，筛选出以提高工作效率为目标的优选法和统筹法，取得了显著的经济效益。

华罗庚 1910 年 11 月 12 日生于江苏金坛一个小商人家庭，父亲是开小杂货铺的，母亲是一位贤惠的家庭妇女。华罗庚一生下来就被装进一个箩筐里，顶上又盖一只箩筐，老人说这样可避邪消灾，所以给孩子起名为“罗庚”，很有些吉祥如意的意思。他1924年在金坛中学毕业，但因家境不好，读完初中后，无力进入高中学习，只好到黄炎培在上海创办的中华职业学校学习会计。不到一年，由于生活费用昂贵，被迫中途辍学，回到金坛帮助父亲料理杂货铺。故一生只有初中文凭。此后，他开始顽强自学，每天达10个小时以上。他用5年时间学完了高中和大学低年级的全部数学课程。1928年，他不幸感染伤寒病，性命虽得以挽回，却落下左腿残疾。20岁时，他以一篇论文轰动数学界，被清华大学请去工作。华罗庚在清华大学一面工作一面学习，他用了两年的时间走完了一般人需要八年才能走完的道路。从1939年到1941年，他在极端困难的条件下，写了20多篇论文，完成了他的第一部数学专著《堆垒素数论》。《堆垒素数论》后来成为数学经典名著，1947年在前苏联出版俄文版，又先后在各国被翻译出版了德文、英文、匈牙利文版。

其实华罗庚读初中时，一度功课并不好，常常逃学去看社戏。他念初中一年级的时候，有一次考数学，他因为想早点交卷出去玩，试卷写得很潦草，所以那次数学考试他不及格。那时在金坛中学任教的华罗庚的数学老师，我国著名教育家、翻译家王维克发现华罗庚虽贪玩，但思维敏捷，数学习题往往改了又改，解题方法十分独特别致。有很多老师并不赞同他的想法，但是王维克始终坚持自己的想法，还激动地说：“要知道金子被埋在沙里的时候，粗看起来和沙子并没有什么两样，我们当教书匠的一双眼睛，最需要有沙里淘金的本领，否则就会埋没人才。”

华罗庚是中国解析数论、矩阵几何学、典型群、自安函数论等多方面研究的创始人和开拓者。在国际上以华氏命名的数学科研成果就有“华氏定理”、“怀依—华不等式”、“华氏不等式”、“普劳威尔—加当华定理”、“华氏算子”、“华—王方法”等。著有《堆垒素数论》、《典型域上的多元复变数函数论》等专著10部，学术论文200余篇，科普作品《优选法评话及其补充》、《统筹法评话及补充》等，辑为《华罗庚科普著作选集》。其中8部专著被国外翻译出版，列为本世纪数学经典著作。他也被人们看做是一位数学天才。

华罗庚虽然聪明过人，但从不提及自己的天分。早在20世纪80年代，他就提出“天才在于积累，聪明在于勤奋”，而把比聪明重要得多的“勤奋”与“积累”作为成功的钥匙，他生前时常勉励年轻人学习、读书要有一个“从薄到厚，再从厚到薄”的过程，要注重打基础，而他本人在青年时代求学期间也是这样做的。20世纪50年代中期，华罗庚及时提出做学问：“要有速度，还要有加速度。”所谓“速度”就是要出成果，所谓“加速度”就是成果的质量要不断提高。

1981年，在淮南煤矿的一次演讲中，华罗庚指出：“观棋不语非君子，互相帮助；落子有悔大丈夫，改正缺点。”意思是当你见到别人搞的东西有毛病时，一定要说，另一方面，当你发现自己搞的东西有毛病时，一定要修正。这才是“君子”与“丈夫”。针对一些人遇到困难就退缩，缺乏坚持到底的精神，华罗庚在给金坛中学的条幅中写道：“人说不到黄河心不死，我说到了黄河心更坚。”

华罗庚的名字为科技爱好者所熟悉，他写的课外读物曾是中学生们打开数学殿堂的神奇钥匙，他自学成才的故事则鼓舞了无数有志青年勇攀科学高峰。在中国的广袤大地上，到处都留有他推广优选法与统筹法的艰辛足迹。这位“人民的数学家”，为他钟爱的数学事业奉献了毕生的精力与汗水。

晚年的华罗庚不顾年老体衰，仍然奔波在建设第一线。1985 年 6 月 12 日，他在日本东京作学术报告时，因心脏病突发不幸逝世，享年 74 岁。

钱钟书：只为真理而默存

钱钟书，1910 年 11 月 21 日生于江苏无锡，1998 年 12 月 19 日病逝于北京；中国现代著名作家、文学研究家；原名仰先，字默存，号槐聚，曾用笔名中书君。

他潜心读书研究，不好拜客访友，也讨厌、憎恨别人拜访，客来时常以病谢，积函多不复答。他惜时如金，不借口舌而扬名，不浪掷光阴于交游，甘于寂寞，不求闻达。终其一生，不管是国外文坛泰斗，还是国内学术权威，他决不曲学阿世、媚俗从流。他以自己学贯中西、涵蕴古今的才识，置身于学者之林，崖岸壁立，独立不倚。“吾爱吾师，吾更爱真理”，他只为真理而默存。

钱钟书出生于诗书世家，自幼受到传统经史方面的教育，中学时擅长中文、英文，却在数学等理科上成绩极差。1929年报考清华大学时，数学仅得了15分，但因国文、英文成绩突出，而英文更是获得满分，被清华大学外文系破格录取。钱钟书到清华大学后的志愿是：横扫清华图书馆。

钱钟书的中文造诣极深，又精于哲学及心理学，终日博览中西新旧书籍。他上课从不记笔记，总是边听课边看闲书或画画儿，或练书法，但每次考试都是第一名，甚至在某个学年还得到清华大学超等的破纪录成绩。这一时期，钱钟书刻苦学习，广泛接触世界各国的文化学术成果。1933年于清华大学外国语文系毕业后，在上海光华大学任教。

1935年，钱钟书和作家、翻译家杨绛结婚。同年考取公费留学生资格，在牛津大学英文系攻读两年，1937年毕业，获副博士学位，又赴法国巴黎大学进修法国文学一年。1938年秋钱钟书归国，先后任昆明西南联大外文系教授、湖南蓝田国立师范学院英文系主任。1941年回家探亲时，因家乡沦陷而羁居上海，写了长篇小说《围城》和短篇小说集《人·兽·鬼》。散文大都收入《写在人生边上》一书。《谈艺录》是一部具有开创性的中西文化比较诗论。

1953年后，钱钟书在北京大学文学研究所任研究员。其间完成《宋诗选注》，并参加了《唐诗选》、《中国文学史》(唐宋部分）的编写工作。1966年，“文化大革命”爆发，钱钟书受到冲击，并于1969年11月与杨绛一道被下放至河南

“五七干校”。1972年3月钱钟书回京，当年8月《管锥编》定稿。1979年，《管锥编》、《旧文四篇》出版。从1982年起，钱钟书担任中国社科院副院长、特邀顾问；1984年，《谈艺录》（补订本）出版；1985年，《七缀集》出版。

迄今为止，钱钟书被学界关注、评论的历史，已经有六十多年了。六十多年来，许多中外著名人士，都对钱钟书作了极高评价，称之为“20世纪人类最智慧的头颅”。

有一位外国记者曾说：“来到中国，有两个愿望：一是看看万里长城，二是见见钱钟书。”简直把钱钟书看做中国文化的奇迹与象征。

其实，如果没有《围城》，也许很多人并不知道钱钟书，但知道的人中又有谁真正了解他和他的文字？有人甚至认定钱钟书是一个爱掉书袋的学究，或把他的绝俗看成老式的清高。

20世纪80年代，美籍华裔学者夏志清在《中国现代小说史》中极力推崇《围城》，钱钟书因而第一次被写入文学史。《围城》也因此一版再版，印行了几十万册，并被译成英、法、俄、德、日、丹麦、荷兰、韩等十多种文字。这是本睿智的书，因为它的有趣源自一位智者对人性的洞察与调侃。《围城》的幽默更是中国现代小说中首屈一指的。1990年，根据《围城》改编的同名电视连续剧在中央电视台播出后，钱钟书与《围城》更成为热门话题，钱钟书开始成为学者和学生心目中如日中天的偶像。

钱钟书文风恣意、幽默，充满智慧与哲理以及对世俗的笑骂与揶揄，他以一册仅仅 10 篇的散文集就位列现代散文大家，而其为数不多的几个短篇小说更是风格迥异，寓意深刻，令人惊叹叫绝。

钱钟书去世之后，一个热爱他的读者曾在报纸上撰文纪念，标题是《世界上唯一的钱钟书走了》。

季羡林：中国知识分子的一面旗帜

季羡林，字希逋，又字齐奘。著名古文字学家、历史学家、东方学家、思想家、翻译家、佛学家、作家。曾任中国科学院哲学社会科学部委员、北京大学副校长、中国社科院南亚研究所所长。

他被誉为国宝级学者、知识分子楷模，是北京大学唯一的终身教授。他精通12种语言，专门研究冷门的梵文和吐火罗文。他留德十年，去过三十多个国家，却总是一身中山装。他一生与文字结伴，各类学术著作达千万字。中文以外，他精通英文、德文和法文，曾经涉猎俄文、斯拉夫文和阿拉伯文。不过，他的专长研究是冷门的印度古典梵文和中亚细亚的吐火罗文，对中国哲学和思想史的研究贡献卓著。

1911年8月6日，季羡林出生于山东省临清市康庄镇。

1935年9月，根据清华大学文学院与德国交换研究生的协定，清华大学招收赴德研究生，为期3年。季羡林被录取，随即到德国。

1936年春，季羡林选择了梵文。他认为“中国文化受印度文化的影响太大了。我要对中印文化关系彻底研究一下，或能有所发明”，因此“非读梵文不行”。“我毕生要走的道路终于找到了，我沿着这一条道路一走走了半个多世纪，一直走到现在，而且还要走下去。”“命运允许我坚定了我的信念。”

季羡林在哥廷根大学梵文研究所主修印度学，学梵文、巴利文。季羡林师从“梵文讲座”主持人、著名梵文学者瓦尔德施米特教授，成为他唯一的听课者。一个学期四十多堂课，季羡林学习异常勤奋。

1946年，季羡林由德国留学回国，被聘为北京大学教授，创建东方语文系。1956年当选为中国科学院哲学社会科学部委员。1978年，季羡林任北京大学副校长。现其著作已汇编成《季羡林文集》，共24卷。

季羡林为人所敬仰，不仅因为他的学识，而且因为他的品格。他说：“即使在最困难的时候，也没有丢掉自己的良知。”

季羡林的《病榻杂记》一直在热销中。在书中，季羡林用通达的文字，第一次廓清了他是如何看待这些年外界“加”在自己头上的“国学大师”、“学界泰斗”、“国宝”这三顶桂冠的。他表示：“三顶桂冠一摘，还了我一个自由自在身。身上的泡沫洗掉了，露出了真面目，皆大欢喜。”

季羡林的一生，用他的话说：“天天都在读书写文章。越老工作干得越多。”除了让中国学者感到深奥无比的德国哲学研究外，数十年来主要从事印度文学的翻译研究，佛教史以及中印文化交流史的研究工作，还撰写了散文、随笔等作品。现在，《季羡林全集》已编到32册，已有一千多万字，真正是著作等身，学问大师，当代鸿儒。

极为可贵的是，季羡林绝不是“两耳不闻窗外事”的书斋学者。他相当入世，时时守望着民族、国家、世界和大自然。他还一直保持着独立思考的精神，始终秉持独家观点，决不人云亦云。

早在20多年前，季羡林就大谈“和谐”：“中国传统文化的根本就是和谐。”人与人要和谐相处，人与大自然也要和谐相处。东方人对待大自然的态度是同大自然交朋友，了解自然，认识自然，在这个基础上再向自然有所索取。“天人合一”这个命题，就是这种态度在哲学上凝练的表述。必须珍惜资源，保护环境。季羡林的预见，印证了生活的真理。

邓稼先：中国“原子弹之父”

邓稼先，1924年6月25日出生，1986年7月29日去世；安徽怀宁人，著名核物理学家，中国科学院院士。

他是一位伟大而备受尊敬的物理学大师，他在艰苦的环境下成功地为中国造出第一枚原子弹和第一枚氢弹，被称为“中国原子弹之父”。

邓稼先出生于安徽省怀宁县一个书香门第，祖父是清代著名书法家和篆刻家，父亲邓以蛰是著名的美学家和美术史家，曾担任清华大学、北京大学哲学教授。

1925年，母亲带邓稼先来到北平，与父亲生活在一起。邓稼先5岁入小学，在父亲指点下打下了很好的中西文化基础。1935 年，邓稼先考入崇德中学，与比他高两班且是清华大学院内邻居的杨振宁结为最好的朋友。

邓稼先在校园中深受爱国救亡运动的影响，“七七事变”后全家滞留北平。在父亲的安排下，16 岁的邓稼先随大姐去了大后方，在四川江津读完高中，并于 1941 年考入西南联合大学物理系。抗日战争胜利时，邓稼先拿到了毕业证书。第二年，他回到北平，受聘担任了北京大学物理系助教，并在学生运动中担任了北京大学教职工联合会主席。

抱着学更多的本领以建设新中国之志，邓稼先于 1947 年通过赴美研究生考试，第二年秋进入美国印第安那州的普渡大学研究生院。由于他学习成绩突出，不足两年便读满学分，并通过博士论文答辩。此时他只有 26 岁，人称“娃娃博士”。

1950 年 8 月，这位取得学位刚 9 天的“娃娃博士”毅然放弃在美国优越的生活和工作条件，回到一穷二白的祖国。同年 10 月，邓稼先来到中国科学院近代物理研究所任研究员。

1958 年秋，二机部副部长钱三强找到邓稼先，说“国家要放一个‘大炮仗’”，征询他是否愿意参加这项必须严格保密的工作。邓稼先义无反顾地同意，回家对妻子只说自己“要调动工作”，不能再照顾家和孩子，通信也困难。从此，邓稼先的名字便在刊物和对外联络中消失，他的身影只出现在严格警卫的深院和大漠戈壁。

邓稼先就任二机部第九研究所理论部主任后，先挑选了一批大学生，准备有关俄文资料和原子弹模型。1959 年 6 月，苏联政府终止原有协议，中共中央下决心自己动手，搞出原子弹和人造卫星。邓稼先担任了原子弹的理论设计负责人后，又部署同事们分头研究计算，自己也带头攻关。在遇到一个苏联专家留下的核爆大气压的数字时，邓稼先在周光召的帮助下以严谨的计算推翻了原有结论，从而解决了关系中国原子弹试验成败的关键性难题。数学家华罗庚后来称，这是“集世界数学难题之大成”的成果。

中国研制原子弹正值三年困难时期，尖端领域的科研人员虽有较高的粮食定量，却因缺乏油水，经常饥肠响如鼓。就是在这种艰苦的条件下，他们日夜加班。“粗估”参数的时候，要有物理直觉；昼夜不断地筹划计算时，要有数学见地；决定方案时，要有勇进的胆识和稳健的判断。

邓稼先不仅在秘密科研院所里费尽心血，而且经常到飞沙走石的戈壁试验场。他冒着酷暑严寒，在试验场度过了整整 8 年的单身汉生活，有 15 次在现场领导核试验，从而掌握了大量的第一手材料。

1964 年 10 月 16 日，中国成功爆炸的第一颗原子弹，就是由邓稼先最后签字确定了设计方案。他还率领研究人员在试验后迅速进入爆炸现场采样，以证实效果。他又同于敏等人投入对氢弹的研究。按照“邓—于方案”，最后终于制成氢弹，并于原子弹爆炸后的两年零八个月试验成功。这同法国用 8 年、美国用 7 年、苏联用 10 年的时间相比，创造了世界上最快的速度。1986 年 7 月 16 日，国务院授予邓稼先全国“五一”劳动奖章。同年 7 月 29 日，邓稼先去世。他临终前留下的话仍是如何在尖端武器方面努力，并叮咛：“不要让人家把我们落得太远……”

邓稼先去世 13 年后，1999 年国庆 50 周年前夕，被追授金质的“两弹一星功勋奖章”。

李嘉诚：勇于进取，白手起家

李嘉诚生于1928年，统领长江实业、和黄集团、香港电灯、长江基建等集团公司。全球华人首富，全世界华人中最成功的企业家，世人称之为“超人”。李嘉诚不仅是创业精英、商界巨头，而且在其创业发展的道路上，并购多家公司。可以说，李嘉诚的创业之路就是一条并购之路，其创业和壮大与兼并和收购其他公司、企业是分不开的。

他曾获得2000年国际杰出企业家大奖；他是闻名世界的商业巨子；他是潮汕人的骄傲。李嘉诚这个名字，自20世纪70年代以来一直震撼着世界，特别是在地产界和金融界。李嘉诚这个名字，对于香港人来说更意味着财富。李嘉诚刻苦诚实、孜孜不倦的个人奋斗精神和独到的判断力、果敢的决策力以及善于用人，构成了他成功的因素。于是他也拥有了“超人李”、“大哥诚”、“塑胶花大王”、“地产猛龙”、“地产大王”等称号。

李嘉诚出生于潮州城面线巷内的书香之家，自幼聪颖超脱，学习勤奋。1939 年，日寇侵占潮汕便随父母流落香港，饱尝了战乱、贫穷、饥馑之苦，也培养了吃苦耐劳、奋发图强的精神。李嘉诚 3 岁时，家道中落。后来父亲得了重病，不久离开了人世，刚上了几个月中学的李嘉诚就此失学。在兵荒马乱的年月，李家孤儿寡母生活艰难。李嘉诚是家中长子，不能不帮母亲承担家庭生活的重担。一位茶楼老板看他们可怜，收留 16 岁的小嘉诚在茶馆里当烫茶的跑堂。茶楼天不亮就要开门，到午夜还不能休息，小嘉诚也抱怨过自己命不好，直到一次偶发事件，才使他不再自怨自艾。

那天，因为太疲倦，他当班时一不小心把开水洒在地上，溅湿了客人的衣裤。李嘉诚很紧张，他等待着客人的巴掌和老板的训斥。但让他没想到的是，那位客人并没有责怪他的意思，反而为他开脱，一再为他说情，让老板不要开除他。

“没关系的，我看这孩子挺有出息的。只是以后要记住，做什么事都必须谨慎。不集中精力怎么行呢？”

李嘉诚把这些话记在了心间，之后，他把“谨慎”当成了自己的人生信条。久而久之，竟使他练出了一种眼光：一个人是什么职业，性格特征、生活习惯、为人处事，一见面就能猜个八九不离十。这一切对他后来的事业起到了很大作用。

随后，李嘉诚辞掉跑堂的工作，从塑胶厂推销员开始，一直干到了业务经理。三年后，20 岁的他做好了准备，要大干一番。白手起家的他，在维多利亚港附近的一条小溪旁，租了一间灰暗的小厂房，买了一台老掉牙的压塑机。1950 年，22 岁的李嘉诚以长江为名，创建了“长江塑胶厂”，表达了他的赤子之心。经过数十年的努力，1988 年他已拥有“长实”、“和黄”、“港灯”等五大公司，100 多家附属公司和 50 多家联营公司，形成资金雄厚、实力强大的李氏“经济王国”。2000 年，他本人成为全球五大富豪之一。李先生已从面线巷走向了世界，地位如此显赫但他并没有因此不可一世、颐指气使，依然是那样的谦逊、平和。

有一次，李嘉诚参加汕头大学的奠基典礼。本来，他作为汕大创建人，应是当之无愧地在贵宾签名册的首页上写下他的名字，但李嘉诚没有这样，而将自己的名字签在了第三页上。在这次宴会中，他不论地位高低，都跟每一位宾客敬酒、握手、交谈，的确没有让人产生“距离感”。李嘉诚已是世界上屈指可数的巨富，但他并不骄奢淫逸、大肆挥霍，依然坚持以俭养德、养廉、养身，淡泊宁静、朴实无华。更令人钦佩的是，李嘉诚虽已功成名就，但仍不忘故乡。他曾充满感情地说：“本人旅居香港数十年，无日不思念故里”，“作为炎黄子孙，必须奋斗自强，发达不忘故乡，来日以报效桑梓”。李嘉诚深知："教育的重要，关系到国家的强弱，社会的兴衰，以及时代的进退"，而拥有万余平方公里面积，上千万人口的潮汕地区，在20世纪80年代前尚未有一所高等学府，不能不说是一桩憾事。为此，他从1980年便开始出资创办汕头大学，到2005年底为止，共捐资12亿元，已建成36万平方米的校舍，设立了文、理、工、医、法、商等9个学院、16个学系，为国家、为潮汕地区输送了一批批人才。在2005年召开的汕头大学第五届校董会上，李嘉诚虚怀若谷地对在汕大成长的每一位同仁再三表示衷心的敬意和感谢。在此，不禁想起李先生曾经在汕大讲的一句话："成就加上谦虚，才最难能可贵"。李嘉诚的人格魅力是崇高的，他取得的成就更是任何人都望尘莫及的。2000年6月，他获得了国际杰出企业家大奖，李嘉诚是获此殊荣的第一位华人企业家。大奖提名委员会主席弗雷泽先生在颁奖时说："李嘉诚先生在全球的商业地位显赫，是世界上最著名的企业家之一，他获得此奖是实至名归。"这位伟大的企业家，尽管获得无数殊荣，他依然把自己作为一个平常人，一个市民和一个商人，并尽一切所能来回报社会，几十年来，他向各界捐款逾38亿港元。用他的话说："如果我们只是一味追求金钱和权力，而置人类高尚情操于不顾的话，那么，一切进步及财富创造都将变得毫无意义。"

袁隆平：中国"杂交水稻之父"

袁隆平，1930年9月1日出生，湖南杂交水稻研究中心研究员，中国工程院院士，中国"杂交水稻之父"，被列为名誉首富。

他研究培育的杂交水稻被称为继指南针、火药、造纸术和活字印刷术之后的第五大发明；他时刻关心人民，解决了世界五分之一人口的温饱问题；他淡薄名利，如果他申请专利，现在已是中国最富有的人，可是他却把专利无私地贡献给国家；他热爱艺术，擅长小提琴，平时喜欢博览群书；他崇尚简朴，即使已经成为百万富翁，他的生活依旧简单。

20世纪60年代，在中国"绿色革命"的大潮中，出现了一位攻下"杂交水稻"难题的科技新星，这就是被外国人誉为"杂交水稻之父"的袁隆平。

1930年，袁隆平出生于北平，幼年正值“九一八”事变，日本侵略中国。袁隆平一家曾易地湖北、湖南、四川三省的几十个地方。袁隆平在当时的大后方重庆上了高小和初中，后随父迁到南京，并在南京中大附中读完高中全部课程。高中毕业以后，袁隆平考入重庆一所学院的农学系。

1953年夏，袁隆平结束了大学生活，到湖南省偏僻的安江农校任教。

1960年7月，袁隆平在早稻常规品种试验田里，发现了一株与众不同的水稻植株，是地地道道的“天然杂交稻”，他立即把精力转到培育人工杂交水稻这一崭新课题上来。

在1964年到1965年的水稻开花季节里，袁隆平和助手们每天头顶烈日，脚踩烂泥，低头弯腰，终于在稻田里找到了6株天然雄性不育的植株。经过两个春秋的观察试验，对水稻雄性不育材料有了较丰富的认识，他根据所积累的科学数据，撰写成论文《水稻的雄性不孕性》，发表在《科学通报》上。这是国内第一次论述水稻雄性不育性的论文。

从1964年发现“天然雄性不育株”算起，袁隆平和助手们整整花了6年时间，先后用1000多个品种，做了3000多个杂交组合，仍然没有培育出不育株率和不育度都达到100%的不育系来。

袁隆平总结了6年来的经验教训，并根据自己观察到的不育现象，认识到必须跳出栽培稻的小圈子，重新选用亲本材料，提出利用“远缘的野生稻与栽培稻杂交”的新设想。在这一思想指导下，袁隆平带领助手在海南岛的普通野生稻群落中，发现一株雄花败育株，并用广场矮、京引66等品种测交，发现其对野败不育株有保持能力，这就为培育水稻不育系和随后的“三系”配套打开了突破口，给杂交稻研究带来了新的转机。

袁隆平毫无保留地及时向全国育种专家和技术人员通报了他们的最新发现，并慷慨地把历尽艰辛才发现的“野败”奉献出来，分送给有关单位进行研究，协作攻克“三系”配套关。

1972年，农业部把杂交稻列为全国重点科研项目，组成全国范围的攻关协作网。1973年，广大科技人员在突破“不育系”和“保持系”的基础上，选用1000多个品种进行测交筛选，找到了1000多个具有恢复能力的品种。张先程、袁隆平等率先找到了一批以IR24为代表的优势强、花粉量大、恢复度在90%以上的“恢复系”。

1973年10月，袁隆平发表了题为《利用野败选育三系的进展》的论文，正式宣告我国籼型杂交水稻“三系”配套成功。这是我国水稻育种的一个重大突破。紧接着，他和同事们又相继攻克了杂种“优势关”和“制种关”，为水稻杂种优势利用铺平了道路。

20世纪90年代后期，美国学者布朗抛出“中国威胁论”，撰文说到21世纪30年代，中国人口将达到16亿，到时谁来养活中国？谁来拯救由此引发的全球性粮食短缺和动荡危机？这时，袁隆平向世界宣布：“中国完全能解决自己的吃饭问题，中国还能帮助世界人民解决吃饭问题。”

1995 年 8 月，袁隆平郑重宣布：“我国历经 9 年的两系法杂交水稻研究已取得突破性进展，可以在生产上大面积推广。”

1998 年 8 月，在海南三亚农场基地，袁隆平率领一支由全国十多个省、区成员单位参加的协作攻关大军，攻克了两系法杂交水稻难关。一年后超级杂交稻在小面积试种获得成功。有关专家对 48 亩实验田的超级杂交水稻晚稻的实测结果表明：水稻稻谷结实率达 95%以上，每亩高产 847 公斤。现在我国杂交水稻的优良品种已占全国水稻种植面积的 50%，平均增产 20%。从推广种植杂交水稻以来，已累计增产稻谷 3500 亿公斤。

2001 年，国家科学技术奖励大会召开，袁隆平被授予 2000 年度国家最高科学技术奖。

陈景润：哥德巴赫猜想的第一人

陈景润（1933-1996），中国数学家、中国科学院院士。1973年发表著名论文《大偶数表为一个素数与不超过两个素数乘积之和》（即“1+2”），其中证明了两个结论。这两个结论把200多年来人们未曾解决的哥德巴赫猜想的证明大大推进一步，在国际上被称为“陈氏定理”。

陈景润1933年5月22日生于福建闽侯一个小职员的家庭里，家境贫寒，父亲希望这个孩子的降生能给家中带来滋润的日子，因此给他起了个吉利的名字。陈景润从小学习刻苦，对数学情有独钟。他不善言辞，为人真诚和善，从不计较个人得失，把毕生经历都献给了数学事业。高中没毕业就以同等学力考入厦门大学。1953年毕业于厦门大学数学系。1957年进入中国科学院数学研究所并在华罗庚教授指导下从事数论方面的研究。历任中国科学院数学研究所研究员、学术委员会委员兼贵阳民族学院、河南大学、青岛大学、华中工学院、福建师范大学等校教授，国家科委数学学科组成员，《数学季刊》主编等职。主要从事解析数论方面的研究，并在哥德巴赫猜想研究方面取得国际领先的成果。

他在20世纪50年代即对高斯圆内格点问题、球内格点问题、塔里问题与华林问题的以往结果，作出了重要改进。20世纪60年代后，他又对筛法及其有关重要问题，进行了广泛深入地研究。

1966年蜗居于6平方米小屋的陈景润，借一盏昏暗的煤油灯，伏在床板上，用一支笔，耗去了几麻袋的草稿纸，居然攻克了世界著名数学难题“哥德巴赫猜想”中的“1+2”问题，使他在哥德巴赫猜想的研究上居世界领先地位。这一结果被国际上誉为“陈氏定理”，受到广泛征引。这项工作还使他与王元、潘承洞在1978年共同获得了中国自然科学奖一等奖。他研究哥德巴赫猜想和其他数论问题的成就，至今仍然在世界上遥遥领先。

中国人运用新的方法，打开了“哥德巴赫猜想”的奥秘之门，摘取了此项桂冠，为世人所瞩目。这个人就是世界上攻克“哥德巴赫猜想”的第一个人——陈景润。由新中国培养起来的第一代数学家，堪称时代的楷模，世纪的丰碑。世界级的数学大师、美国学者阿·威尔曾这样称赞他："陈景润的每一项工作，都好像是在喜马拉雅山山巅上行走。"

陈景润除攻克这一难题外，又把组合数学与现代经济管理、尖端技术和人类密切关系等方面进行了深入的研究和探讨。他先后在国内外报刊上发明了科学论文 70 余篇，并有《数学趣味谈》、《组合数学》等著作。正因为陈景润具有勇攀科学高峰的雄心壮志和刻苦钻研的精神，他少年时代的梦想终于变成了现实，他像一颗璀璨的明星，升上了数学王国的天空。

陈景润日日钻研的枯燥数学公式，在徐迟笔下，成了"空谷幽兰、高寒杜鹃、老林中的人参、冰山上的雪莲、绝顶上的灵芝、抽象思维的牡丹"等等，一连串排山倒海似的比喻把数学公式变成抒情诗。研究者本人也被浪漫化甚至传奇化。但事实并非如此，他生活窘迫，几近潦倒，为了节约生活费，陈景润平时甚至不吃菜，只用酱油泡水喝。

1984 年 4 月 27 日，陈景润在横过马路时，被一辆急驶而来的自行车撞倒，后脑着地，酿成意外的重伤。雪上加霜，身体本来就不大好的陈景润，受到了几乎致命的创伤。不久，诱发了帕金森氏综合症。1996 年 3 月 19 日，著名数学家陈景润因病长期住院，经抢救无效逝世，终年 63 岁。

朱清时：笃学不倦

朱清时（1946— ），四川省彭州市人，化学家，中国科学院院士、第三世界科学院院士。1968年毕业于中国科技大学近代物理系，曾在美国加州大学圣巴巴拉分校和麻省理工学院任访问学者，在布鲁克海文实验室和加拿大国家研究院赫兹堡天体物理研究所、剑桥大学、牛津大学、诺丁汉大学和赫尔辛基大学任客座科学家，在法国格林罗布尔傅利叶大学、第戎大学和巴黎大学任客座教授。曾获1994年“亚洲成就奖”和1994年“汤普孙纪念奖”。

朱清时的父亲因曾在国民党政府中做过小职员，解放后，被定成反革命。母亲只好早出晚归干零活来养活一群子女。

11岁时，朱清时在成都十三中住校，开始了自立的生活。

艰苦的生活、无奈的孤独，小清时只有沉浸在知识的海洋中，才会找到快乐。

课余和周末，当别的同学都欢欢喜喜地回去与家人团聚，打打“牙祭”，享受天伦之乐时，小清时只有以书相伴。无钱买书就去旧书店看书，一看就是几个小时。有时去成都市图书馆读书，坐上一天半天的。

辛勤耕耘给他带来了收获，也为他带来了幸运。

1963 年，朱清时考取了中国科技大学近代物理系。

大学的生活是紧张而有序的。每天早起，朱清时从校园一直跑到八宝山顶，再跑回来。晚上，下了晚自习，临睡前用凉水冲澡。他认为要担当大任，一定要苦其心志，劳其筋骨。在中国科大这所神圣殿堂里，朱清时为能亲身接受许多著名科学家的耳提面命而激动，为能汲取到无数知识琼浆而欣喜若狂。

1968 年分配时，朱清时主动要求到青海工作。起初他的工作是每天晚上爬进刚炼完铁的炉膛里，把炉壁上被烧坏的耐火砖一块块地敲下来，再一块块地换上新的。半年后，厂长让他掌管着全厂大部分原材料和设备维修、零配件的采购、库存和使用计划，同时兼做采购员。他一人干着几个人的工作，竟能干得井井有条，而且十分轻松。

工作之余，朱清时不但读了大量的科技书，而且还发表了两篇学术论文，引起了轰动。

后来，凭着坚实的学术基础，他考进了中科院盐湖所。在所里，他是惟一能读懂原版科技资料的研究人员。

1978 年，朱清时被选为中科院首批出国进修人员。在美国的两年中，他发奋攻读，几乎放弃了一切娱乐，闯过了一道道难关，他先后发表论文 7 篇。在一次学术会议上，他的导师用无比欣喜的语气向与会者介绍道：“朱清时几周内完成的工作，美国学生通常要干上一年。”1981 年 6 月，第三十六届国际分子光谱学讨论会在俄亥俄州召开，年仅 35 岁的朱清时应邀担任了分会的主席。

公派两年到期后，麻省理工学院又聘请他做“博士后”研究员继续工作。但他认为在美国虽可出研究成果，但均是在别人划定的框子里完成的，要想真正最大限度地实现人生价值还得回国发展。

回国后，他又取得了一系列成绩，多次获世界著名奖项。

罗活活：打工皇后

罗活活出生于1950年，活活出生后不久，父亲就意外去世了。在中学当老师的母亲给了活活博大无私的爱，母女俩寄居在学校相依为命。艰难的世事和艰辛的童年让活活过早地成熟了。活活知道，自己是母亲惟一的希望和全部的寄托。幼小的活活有一个坚定的信念：好好念书，将来成就一番大事业来报答母亲的养育之恩。

1968年，活活高中毕业了，但生活中的冰刀霜剑再次袭击了她：因为是“臭老九”的子女，上山下乡接受贫下中农再教育理所当然。就这样，18岁的罗活活来到了粤东的一个小山村，干起了粗重的活。但罗活活知道，越是在逆境中，就越要乐观自信。白天，罗活活不知疲倦地干农活，晚上，还要挑灯夜读。在贫瘠的年代，罗活活深深地认识到，只有知识才能够改变命运。所以，她挤出一切时间，利用一切条件最大限度地获取知识。在这段时间里，《斯巴达克斯》这本书给了她无尽的力量和坚强的信念：有机会一定要考上北大清华！1977年，全国恢复高考。罗活活的北大清华梦终于有了实现的机会，但此时的她已经嫁为人妻并且怀有身孕了。经过激烈的思想斗争，罗活活终于做出了平生第一次最重大的决定：孩子要生下来，大学也要考上去！罗活活挺着9个月的身孕迈进了考场，她要用毅力叩响命运的大门！因为是在临产期，罗活活担心把孩子生在考场上，几门试卷都来不及检查就提前离开了考场。考试结果出来后，罗活活接到的只是梅县嘉应师专的入学通知书，也许这就是命运，只能尽力争取，不能完全把握。

从嘉应师专毕业后，罗活活又考入中山大学深造。毕业后回到母校任教，1985年又调到省体委某杂志社当体育记者。当时的罗活活没有意识到，这段记者生涯为她提供了一个契机，把她推到了人生另一个更广阔的舞台：商界。1986年，香港领带大王、金利来集团公司董事局主席曾宪梓赞助了一次“宪梓杯”足球比赛。作为省体委的体育记者，罗活活参与了这一活动并负责夜宵安排和纪念品发放工作。球赛结束后，罗活活把剩余的600元钱和6条领带交还给了组委会。对罗活活来说，这是一件再正常不过的事，但曾宪梓却从中看到了她的品德。而且，通过几天的接触，罗活活过人的组织能力和干练的工作作风都给曾先生留下了深刻的印象。尤其当他了解到罗活活的家境之后，更加感觉到此人可用。另外，当时的“金利来”打入中国内地出师不利，也急需本土经营人才。于是，曾宪梓力邀罗活活加盟“金利来”。对毫无从商经验的罗活活来讲，丢掉“铁饭碗”也许就意味着老母和孩子要忍饥挨饿。罗活活面临着人生的第二次重大选择。1987 年 38 岁的罗活活辞掉了工作，正式进入了金利来中国服饰皮具有限公司，出任总经理。正因为她作出的这个决定，她失去了丈夫。也正因为曾宪梓给了她这个支点，她撬动了整个“金利来”王国。

从 320 块钱的月薪到年薪 300 万的打工皇后，这是一个几乎不可能的事情，但是她做到了。她从来就没有想过能够有 300 万的年薪，她只是埋头去做她自己应该做的事情，她把企业当成是自己的家，付出了心，付出了情。

1995 年，她使金利来的销售额突破了 10 亿元，占整个集团销售额的 85%。8 年中，她把金利来公司的营业额整整提高了 500 倍！在连年翻番的销售额的背后，是罗活活大胆的拼搏精神和独特的经营理念。1995 年，国家统计局及中国技术评价中心在第 50 届国际统计大会上，授予罗活活“中国经营管理大师”的称号——罗活活是中国惟一获此殊荣的女性管理者。

2000 年 10 月，她作出了人生的第三次重大选择：自己创业。成立了娘子军家政服务有限公司。她认为家政业一定大有可为，家政将是 21 世纪的 10 大朝阳产业之一。于是她毅然放弃了300万的年薪，再一次铤而走险做起了家政。

不幸的是，2001年9月，她的儿子大学毕业准备赴美留学的时候，出了车祸。在她的晚年，她又失去了她唯一的精神支柱——儿子。这时她甚至想到过死。于是，她把所有的悲痛都转化到为公司拼命工作上，有人说她是拼命三郎。她经常说一句话是："可做一百分，决不做九十九。"正因为她把所有的精力都投入到"金利来"的工作中去，才会有今天的成就。

她说："一个人要把不可能变成可能，不是不可以的。"她也在努力这样做。她从一个不会做生意的人，在中国服装界创造了一个神话，拿了无数的奖项，创造了一个品牌。她加盟"金利来"的时候，老板的身家是八千万，而她离开"金利来"的时候，老板的身家却是三十多个亿。能支撑她走到现在的，一是自信，二是毅力，三是目标，四是愿望。是信心让她站起来，让她有定力，让她挺直腰板做人。人生是长跑，人必须有毅力，必须走完它。活着就是胜利，活着就是幸福。有了毅力，还要有目标，那个目标就是理想。她从1996年开始，前前后后资助了408名贫困的大学生、中学生、小学生。把爱心传递下去就是她的愿望。

罗活活的名字，早已远播国内外。她的事业已成功，她的财富不是梦，然而她拼搏的步伐并没有停下来，还在她的生命中继续着，并将一直继续下去。

牛根生：跑出火箭速度的“牛人”

牛根生 1954 年出生于内蒙古，1999 年创立蒙牛集团。作为乳业的后起之秀，“蒙牛”以出色的营销手段实现了快速增长。2002 年其销售额突破了 21 亿元，在全国乳制品企业中的排名由第 1116 位一举跃升至第 2 位。2003 年牛根生被评选为 CCTV2003 年“中国经济年度人物”。他的颁奖辞中写道：“他是一头牛，却跑出了火箭的速度！”

1958 年，一个出生尚未满月的男孩儿，被父母以 50 元的价格卖给一户牛姓人家。牛姓父亲的职业是养牛，从此，这个由养父和养母抚养的孩子便与牛结下了不解之缘。养父期望通过抱养来的孩子栽根立后，所以给这个苦命的孩子取名为“根生”。牛根生从小尝尽世间冷暖，父亲解放前被抓过壮丁，养母曾是国民党高官的姨太太；两个“特殊”人物，在那样特殊的社会背景下，遭遇可想而知。解放战争期间，养母曾把自己的财产广为散发，一部分送了人，一部分寄存在别人那里。20世纪60年代，由于生活困难，养母领着牛根生试图找回那些寄存的东西，人家不仅不承认，还把他们母子俩轰了出来。河东河西，人情冷暖，对牛根生的财富观产生了深远的影响。牛根生说：“母亲嘱咐的两句话让我终生难忘，一句是‘要想知道，打个颠倒’，另一句是‘吃亏是福，占便宜是祸’”。牛根生复杂的经历也造就了他一生的优秀品质：容忍、刚强、独立、不屈不挠。牛根生1978年继承父业，开始养牛。1983年进入伊利的前身——回民奶食品总厂。

多年来，牛根生本人一直信奉“小胜凭智，大胜靠德”、“财聚人散，财散人聚”的经营哲学。

在没有钱和有钱的日子里，牛根生所见的世态炎凉，形成了他独特的财富观。他说：“人要懂点哲学。每个人都是从无到有，也都会从有到无。钱财生不带来，死不带去。家财万贯，也不过一日三餐，夜宿一床。当一个人的钱挣到某个数字后，超额的钱对他的生活就不再有实际意义了。但是，金钱能使人生而复死，精神能使人死而复生。从无到有是快乐的，因为它承认了你的奋斗价值，但人生最快乐的时候是散财的时候，因为你获得了前所未有的尊重，得到了精神享受。”

1978年他成为呼和浩特大黑河牛奶厂的一名养牛工人。

1983 年任内蒙古伊利集团厂长。1992 年担任内蒙古伊利集团生产经营副总裁。但是，在 1998 年底却被自己辅佐了 16 年的老东家内蒙古伊利集团免去了生产经营副总裁一职，那时他已经 43 岁了。在此之前，牛根生主管全国生产经营，业绩一直特别出色。从某种意义上说，牛根生是当年伊利的第一功臣，伊利 80%以上的营业额来自牛根生主管的各个事业部。除了业绩，牛根生在伊利员工当中也是相当有威望的，人们对牛根生的信服来源于他的为人之道和人格魅力：一个普通工人得了重病，牛根生第一个捐款，一次就是 1 万元；有段时间，通勤车司机有事，牛根生代劳，一个新工人不认识牛根生，一个劲地向别人夸奖牛根生：新来的胖司机态度真好，让他停哪就停哪；因为业绩突出，公司奖励了他一笔钱，本可以买好车，但牛根生却折合成 4 辆面包车，分给自己的直接部下；100 多万的年薪，牛根生基本上都分给了自己的员工。离开伊利的牛根生，很失落也很自卑。不仅如此，他还发现自己似乎没有了生路。

有一家乳品企业得知牛根生辞职之后，马上找到牛根生，愿意出很高的薪酬邀请牛根生加盟。牛根生向对方提出了一个条件：用他的管理经验和人脉资源入股，让他成为股东。结果，这个条件把对方吓跑了。后来有人评价说，这个企业没有意识到牛根生是一台印钞机。

牛根生想了想自己的困境，然后对他的部下说：哀兵必胜！我们就再打造一个伊利！后来大家给公司起了一个名字叫蒙牛。1999 年牛根生白手起家，在不惑之年开始创业，硬是在重重围剿之中杀出一条血路。1999 年 8 月 18 日，蒙牛进行了股份制改造，名字变为内蒙古蒙牛乳业股份有限公司，注册资本猛增到 1398 万元，折股 1398 万股。牛根生就是在一无市场，二无工厂，三无奶源的“三无”条件下，依靠自己的长处——人才，在 6 年之后，蒙牛的销售额和市场占有率超过伊利成为全国第一。

2003 年，伊利为了庆祝股份制创立十周年而举行了一场声势浩大的庆祝活动。令所有伊利人没有想到的是，牛根生不请自到。他当场对伊利的员工说了一番感人的话：我在伊利干了 16 年，在蒙牛才干了 5 年。我把最好的年华，奉献给了伊利，在这里流过的泪、淌过的汗、洒过的血，比在蒙牛多得多！所以，要说感情，我对伊利的感情，实际上不比对蒙牛的少。正是他的这一举动感动了所有的人，这也正体现了他的生意经——做生意就是经营人心。

他在用人方面也有他自己独到的见解：有德有才，破格录用；有才无德，限制录用；无德无才，坚决不用。至于德重要还是才重要，他认为，如果才气很大，德性不好，对企业的破坏性可能就非常大。一个人智力有问题，是次品，一个人灵魂有问题，就是危险品，所以学会经营人心才是最重要的。

从 1999 年到 2001 年，伊利的主营业务收入和利润总额平均每年递增速度超过 40%，2001 年主营业务收入突破 27 亿元；蒙牛则以超过 300%的速度翻番增长，2001 年销售收入突破 7.24 亿元。

2003 年牛根生被评选为 CCTV2003 年“中国经济年度人物”。他的颁奖辞写道：“他是一头牛，却跑出了火箭的速度！”

牛根生，从事乳业 27 年。甭管到哪，他都戴一条 18 元钱的领带，不以为耻反以为荣，因此便以“中国第一抠”自居，并扬言此乃“抠门富豪牛根生也”。但是，正是这样的“抠门富豪”，作出了让人难以置信的举动。2004 年底，牛根生捐出全部个人股份设立“老牛专项基金”，成为“中国捐股第一人”、“全球华人捐股第一人”。老牛又一次散财，这让社会对老牛多了一份忽略：富豪榜单上，少了一个牛根生，但是，他却由此换得了另一种财富，那就是快乐。这一举动不得不让世人对牛根生刮目相看。牛根生把他的人格展现得淋漓尽致。

牛根生就是在“三无”的困境下开拓进取，使现在的蒙牛“一有全球样板工厂，二有国际示范牧场，三有液态奶销量全国第一的市场”。目前，蒙牛已在全国 14 个省级行政区建起 20 多座生产基地。产品覆盖全国除台湾省外的所有地区。开发的产品有液态奶、冰淇淋、奶品等三大系列 100 多个品种。蒙牛创造了多项全国纪录，它荣获中国成长企业“百强之冠”，位列“中国乳品行业竞争力第一名”，拥有中国规模最大的

“国际示范牧场”，并首次引入挤奶机器人，是中国乳界收奶量最大的农业产业化“第一龙头”；蒙牛枕单品销量居全球第一，液态奶销量居全国第一，“消费者综合满意度”列同类产品第一名，同时也是2003年香港超市惟一获奖的大陆品牌，蒙牛还是中国首家在海外上市的乳制品企业，并一举摘得“2004年最佳IPO”桂冠。

牛根生心系农民。蒙牛集团一直将发展乳业看做是中国农民的一个“希望工程”。其领导的蒙牛与亿万消费者、千万股民、百万奶农及数十万产销大军结成命运共同体，被人们称为西部大开发以来“中国最大的造饭碗企业”，由此诞生了一段流传甚广的民谣：“一家一户一头牛，老婆孩子热炕头；一家一户两头牛，生活吃穿不用愁；一家一户三头牛，三年五年盖洋楼；一家一户一群牛，比蒙牛的老牛还要牛。”

目前，公司属于中外合资股份制企业。从成立至今的短短几年时间内，蒙牛的业务收入在全国乳制品企业中的排名已经由第1116位上升至第2位。但牛根生却谦虚地说：“我这辈子没离开过‘牛’，姓牛，养牛，做牛奶，卖牛奶，一辈子实际上只做了一件事。”

成功不会一蹴而就，用心经营它才会到来。牛根生从洗瓶工到副总裁的成功经历告诉我们，一个人的成功需要付出辛勤的努力并且掌握正确的方法。大的成功总是需要有效的成功垫底。由于在成长过程中所受的挫折和磨难，牛根生能够更好地去关心身边的员工和需要帮助的人；而如果牛根生没有在伊利乳业的经验和成就，也就绝对没有今天的蒙牛。用牛根生自己的话说就是：我是从洗瓶工做到副总裁位置的，一方面，我的成长符合“蚂蚁上树模式”；另一方面，也符合“直升飞机模式”。

成功后的牛根生有两句经典的话，一句是说给失意者的：“别人从零起步，而我是从负数起步”；一句是说给得意者的：“小胜凭智，大胜靠德”。

唐伟：制造从奴隶到将军奇迹的人

唐伟出生于1962年，贝尔斯登公司副董事长，贝尔斯登亚洲公司主席，贝尔斯登西海岸公司总经理，是目前华尔街成就最高的华人投资银行家。美国全加州科学中心董事，美国洛杉矶博物馆董事，兰德公司亚太研究中心顾问委员会委员，兰德公司中国银行系统改革委员会主席，美国加州大学医学中心董事，美国加州大学纳米研究中心董事，洛杉矶慈善联合会理事，以及太平洋国际政策协会成员等。曾获得过洛杉矶联合会颁发的“洛杉矶精神奖”以及《克兰芝加哥商务》杂志2000-2001年度颁发的“四十岁以下的四十位优秀青年”称号。

唐伟曾在上海的华东理工大学及加州的桑塔亚那学院接受大学教育，1986年毕业于加州州立大学工程学院，获得化学工程理学学士学位。

世界最大的钢铁企业米塔尔集团出资3.4亿美元收购中国大型钢铁企业湖南华菱管线36.7%股份，成为目前外资收购中国内地上市公司A股和钢铁企业的最大交易。在高朋云集的典礼上，人们把关注的目光投向米塔尔集团老板、世界第三富豪米塔尔的同时，也注意到他身边一位年轻的华人银行家唐伟，这起交易的主要发起者和策划人。

唐伟现任全球第六大投资银行美国贝尔斯登副董事长兼国际投资公司董事长，是目前在华尔街职务最高的亚裔人士。他目前担任的职务有：贝尔斯登公司副董事长，董事局董事兼高级常务执行董事，兼任贝尔斯登国际控股公司董事长兼总裁，美国西岸总经理。

很难想象，23年前他从上海来到美国时，口袋里只有20美元，头脑里没有任何金融知识，从最初餐馆洗碗工这样最底层的工作到今日的贝尔斯登公司副董事长，主管贝尔斯登亚洲及美国西海岸公司业务，在美国20多年的人生经历，演绎的是现代版的从奴隶到将军，也是“美国梦”的典范之一。

提起他去美国的原因时，唐伟的嘴角浮现出难以掩饰的幸福，他微笑着说：“我去美国的理由很简单，是因为我的女朋友去了美国。”

1981年，唐伟的女朋友全家移民去了美国。已考入全国重点大学的唐伟面临人生的第一个关口。“当时我觉得只有一个选择，那就是和女朋友一起出国。”有一天，他来到母亲的办公室，找到了一本黄页电话簿，电话簿里有美国领事馆总领事的一个在紧急情况下才可以拨打的电话号码。中文说得很好的美国总领事很理解这个年轻人，给了他不少建议。总领事告诉了他整个过程所需要的文件和细节，没过多久，他就拿到了护照，女朋友也帮他拿到了其他需要的文件。一个星期天，他打电话给总领事，他说护照及所有的证件都搞定了，现在他就想去签证，但大使却说他明天要去北京开会，让他下个礼拜再去。心急如焚的唐伟等不急了，决定自己去试试看。星期一一大早他就很兴奋地到了领事馆。

进了签证部门，签证官问了他两个问题：一是为什么要去美国？他说女朋友在那边。二是问去了以后会不会回来？他却诚实地回答跟她结婚以后再说。如果女朋友回来他就回来，否则就和她一起留在美国。结果被以有移民倾向为由拒签了。出了门唐伟大哭一场，等清醒过来，赶紧又给总领事打了电话，总领事真的帮他“走后门”拿到了签证。这件事给他的启发是，一个人说真话，敢做敢说，有时候是好事，有时候是坏事；但是，结果是很难预知的。他的观点是，反正一个人就活一次，就要说真话、做真事，有了困难和痛苦才知道成功的甜蜜。所以，后来这就变成他做人的一个准则，大胆地说真话、做真事。

如果没有去美国，也许，我们无法看到一段美满的姻缘，也许华尔街上不会再有唐伟这个名字。人生中的很多事情就是无法预知的“奇迹”。爱成就了唐伟的梦，也成就了他的一生。

在美国的头几年里，唐伟度过了人生最艰辛的岁月。他一边在餐馆打工，一边学习，每天只能睡两三个小时，全年没有一天休息。因为没有绿卡，每小时收入只有 1 美元。10 个小时做完以后，老板却只给了他 6 美元。但是他却宽慰自己，觉得那天是他一生从获得报酬当中感到最幸福的一天。唐伟哈哈大笑说：“我爸爸那时是教授，每个月 72 元人民币，而我第一天工作就赚了 6 美元，差不多有 50 元人民币。从资历方面我根本没法跟爸爸比，他一个月赚的我一天差不多就可以赚到。”他说：“看待事情要从正面看，这是一个很重要的生活态度，只有这样，才能找到第二天继续努力的动力，不然的话，你会感到很悲哀，那么，你永远不会很高兴地去迎接第二天的挑战。人都是这样，当然我也不例外。但我会常常提醒自己，让自己忆苦思甜，永抱满足和感恩之心。”

唐伟觉得语言学校的英文课太深，上下学的公共汽车成为了他最好的学堂，今天，能说一口流利英语的唐伟谦虚地说，自己讲的是巴士英语。靠着勤奋和乐观，唐伟在美国站住了脚跟。有一次，为了保护钱箱被抢劫的歹徒用枪打伤，受到老板赏识，一路升到大区经理，拿到 8 万美元的年薪，当时他才 22 岁。

后来唐伟辞职了，因为他的父母希望他从事与大学专业有关的工作。但他参加了56次面试，都失败了。而他的太太第一次面试就成功了。唐伟变成了“家庭主夫”，闲来无事在电视里看到一个教投资股票的金融节目，他第一次知道原来还可以这样赚钱，就很认真地学习，并用太太的工资炒了几次，1个月就获利50%。不久，他意外地接到了自己股票经纪人的电话：“我注意到你投资股票很有天赋，愿不愿意加入我们的行业？”第57次面试使他进入了投资银行这一全新的领域。

他刚去美林的时候是唯一一个中国大陆员工。公司希望能够通过他把中国业务搞起来，让他到那里去的原因只因为他会讲中文。于是，从美林公司的最底层职员到贝尔斯登公司的高级常务董事，唐伟做了6年。离开美林公司的时候，唐伟是美林公司西海岸最大的销售员。随后加盟雷曼兄弟公司，离开雷曼兄弟公司时，唐伟做到雷曼兄弟公司全球最大的销售员。

1992年，唐伟加入贝尔斯登公司。1999年，唐伟被调任贝尔斯登公司美国总部，后升任副董事长，从事第一批中国国有企业海外上市的承销。回到芝加哥后，他又负责全美中部业务，并协助大陆民营企业海外上市，到中国中部引入外资战略投资。每一次开拓空白地带的成功，如同一道道金色的台阶构筑起了唐伟的成功之路。他一路成为华尔街著名投资银行的高级经理、副总裁、董事、常务董事和副董事长。他的成绩单上，有美林公司西海岸业绩第一和雷曼兄弟公司全球业绩第一的业务员，更有在贝尔斯登协助易初摩托、中国移动、北京燕化、广深高速、中国电信等 10 多家中国企业海外成功上市的经历。

唐伟是一个善于创造奇迹的人，在经历了无数次风雨历程后，成功创造了成为华尔街职务最高的中国人的传奇故事。他认为，一个企业要走向世界，这就意味着它要把自己未来的一切都按照最高的标准来要求，而如果它不具备和国际资本市场对话所需要的理念，好的业绩都将只是昙花一现，难以为继。

俞敏洪：从农民到留学教父

俞敏洪1962年生，江苏江阴人，民盟成员。北京大学西语系毕业，大学学历。1985年任北京大学外语系教师，1993年创办北京新东方学校，2003年成立新东方教育科技集团。现任新东方教育科技集团董事长兼总裁、民盟中央教育委员会副主任、中国青年企业家协会副会长、中华全国青年联合会委员。

他很早就被冠以“留学教父”和“创业英雄”，也是公认的中国英文教育行业中独辟蹊径的领袖人物之一。而在《时代》周刊的描述中，这个一手打造了新东方品牌的中国人更被称为“偶像级的，就像小熊维尼或米奇之于迪士尼”——他就是俞敏洪。

在中国企业家中，俞敏洪对阿里巴巴的马云印象很深：两人都是高考连考三年才中。故事追溯到30年前，俞敏洪当时的理想还只是考上家乡的江阴师范学院，可以不用喂猪、种地。但1978年第一次参加高考就让他体会到人生时常充满绝望：英语33分；次年再考，英语55分，俞敏洪依然名落孙山。

俞敏洪不知道马云坚持到第三年有什么理由，反正他坚持到第三年的理由是要对自己有个交代，这是俞敏洪第一次在绝望中寻找希望。1980年，俞敏洪第三次高考，终于给了自己个交代，考上了北京大学英语系。

在北京大学，俞敏洪班上从农村来的孩子只有3个。当时相貌和英语都不惊人的他在北大痛苦地挣扎了5年，多出来的一年“奉献”给了肺结核。在养病的日子里，俞敏洪身心放松地读了600本名著，他说这是他在北大除学英语外的最大收获。最后毕业时，他的成绩也仅是班里的倒数第5名。

1985年俞敏洪毕业时，正值北大公共英语迅速发展，英语教师奇缺。喜欢北大宁静生活的俞敏洪斗胆“混进”了青年教师队伍，从此拉开了他教育生涯的序幕。

最开始的时候，北大分给他一间8平方米的地下室，整个楼房的下水管刚好从他房间通过，24小时的哗哗水声传进耳朵，俞敏洪把它听成是美丽的瀑布，不去想象里面的内容。后来腾给他一间北大16楼的宿舍，地面的阳光让俞敏洪感动得热泪盈眶，决定把一辈子都献给北大。

当俞敏洪为房子而折腰时，他的同学和周围朋友却嗅到了国门敞开后美元的味道，并努力向着味道的方向进军。他发现周围朋友们都失踪了，最后接到他们从海外发来的明信片，才知道他们已经登上了北美大陆。于是他也开始联系出国的事，可是联系了4年，最后也没有成功。

1993年11月16日，俞敏洪创办了北京市新东方学校并担任校长，从最初的几十个学生开始了新东方的创业过程。截止到2000年，新东方学校已经占据了北京约80%全国50%的出国培训市场，年培训学生数量达20万人次。

2006年9月7日，新东方在纽约证券交易所成功上市，新东方作为中国首家教育概念股开创了中国民办教育发展的新模式，并受到了广泛欢迎，股价涨势强劲。而持股31.18%（4400万股）的俞敏洪个人财富也水涨船高，俞敏洪身价暴涨成为中国最富有的教师。

俞敏洪有过三次高考落榜的经历、留学的夙愿未能实现，以及后来当老师的种种不如意，但是他从不曾妥协。他认为这是生活在让他懂得如何在绝望中去寻找希望。如果他当年落榜、留学失败、被北大处罚后接受大家的劝说安静地过日子，现在他可能是个农民，可能是个外语系副教授，也可能和很多人一样过着单位、社会为你设计的被动生活。

他说他能有今天，全凭借他的3个优点：坚韧不拔、有进步心态和宽容。他说他做事情要尽量把事情做得最好。他考大学时，第一年没考上考第二年，第二年没考上考第三年；出国也是联系了4年，当然最后没有成功。后来做新东方做了十四五年，还在很认真地做；在北大当老师一当就当了六七年。其次，从小学到中学到大学，他都没有得过全班的前20名，大学毕业那年的学习成绩是全班倒数第5，但他还是坚持在学，而且大学毕业后他还是边工作边学习。他认为他自己有进步心态，比较善于学习。第三就是他比较有耐心和宽容度，这一点在做新东方后看出了好处，因为一帮人在一起总有各种各样的摩擦，要能容忍，就不会把事情弄到极端，就很容易化解矛盾。

在事业上，俞敏洪可以算是领袖人物，在生活中，他也有着不一样的自我认知。他经常和员工以及学生说："你想知道自己的价值有多少，看看你身边的朋友，选出5个朋友，他们价值的平均值就是你的价值。"

10年前，34岁的俞敏洪就被称作"超级英文词典"，他掌握了8万个英文词汇，比一本《朗文英汉双解词典》还要多一倍。现在，俞敏洪除了新东方董事长兼CEO的正式头衔，还增加了"中国最富有的教师"称号。根据2006年12月1日新东方股票收盘价31.91美元估算，俞敏洪的身价已经高达3.5亿美元，相当于27亿人民币。如果把这些钱装订成朗文词典那么厚的书，可以开一家小型书店了，至少要有上万本！

今天的俞敏洪仍时常给学生上英语课，也时常讲到自己刻骨铭心的亲身经历：两次高考英语总分仅88分时的无语、连续4年被美国大学拒收后无尽的绝望、创业之初被其他培训机构恐吓后的浑身颤抖。但学生感受到的往往是他历经痛苦决不回头的努力，是绝望后坚韧不拔的继续追求，是颤抖后重新积聚的力量。新东方的校训，带有鲜明的俞敏洪的个人烙印。

从农民之子变成“教育首富”，俞敏洪用了13年时间。除了个人财富的增加，他还改变了中国的英语教育方式。在新东方最为擅长的出国培训方面，近十年出国的留学生中，有七八成都曾在新东方受过培训。如果你想去美国留学，去北四环保福寺的新东方原总部报一个培训班，与到秀水街的美国驻北京大使馆办签证一样，都是必走的程序。俞敏洪也因此被《亚洲周刊》评选为“21世纪影响中国社会的10位人物”。

俞敏洪曾经说过：“成功是一种心态，摔倒了一万次，我们还要有第一万零一次尝试的勇气。”

唐骏：打工皇帝

唐骏出生于1962年，盛大集团总裁。曾分别在中国、日本和美国获得过物理学学士、电子工程学硕士和计算机科学博士学位。1994年加入微软公司。自2002年3月起任微软中国区总裁，并兼任位于上海的微软全球技术中心的总经理一职。1998、2000和2001年，他是微软公司惟一一位3次被授予微软公司的最高奖项：比尔·盖茨总裁杰出奖和杰出管理奖的员工。他是知名职业经理人，海内皆知的“打工皇帝”。

他曾经是微软的一个普通程序员，却因为一个“异想天开”的创意引起高层注意，成长为身家上千万的中国区总裁；2004年，他又就任盛大总裁一职，创造了身家4个亿的神话……从江苏常州的贫寒子弟到“天价”经理人，唐骏书写了个人的传奇。

1962 年，唐骏出生于江苏常州一个贫寒的家庭。上有一兄，下有一弟。对贫穷的最初记忆，来自这样一个刻骨铭心的情景：为了早日帮儿子达成“盖房子”、“娶媳妇”的计划，爸爸妈妈让他们从 12 岁起就在河边拣石子、砖头和瓦片，装在板车上拉回家。石头非常沉，小唐骏只能把它们放在肩上的簸箕里，河水顺着簸箕的缝隙流进衣领，冰冰凉凉的感觉贯穿了他的少年时代。一定要考出去读大学！他暗暗地发誓。1980 年，唐骏考取了北京邮电大学物理专业，并在大四时做出了一个大胆的决定：硕士改读“光纤通信”。他在 9 个月内啃下陌生专业的艰涩课程，成绩揭晓时，赫然排名第一。

1990 年，赴美攻读博士，并先后创立了“双鹰软件公司”、“好莱坞影业娱乐公司”和“美国第一移民事务所”三家小型公司，1994 年，唐骏放弃了自己的公司，抱着学习的想法，进入了微软公司，成为 Windows NT 开发组一名普通的程序员。然而，就是在这样一个平凡的位置上，唐骏做出了不平凡的贡献，提出基于双字节同时开发中文版本的模式，将开发中文版本的时间提前了一年多。使原来 300 人的研发队伍得以缩减到 50 人，运行成本大大降低。唐骏本人也在加盟微软仅仅一年半之后，由一个普通的工程师变成了部门经理，并获得了价值超过 10 万美元的股票期权。

2001 年，因工作出色，上海微软大中国区技术支持中心先后升级为亚洲区支持中心、全球支持中心，唐骏不仅担任全球支持中心总裁，并兼任微软合资公司——上海微软公司总裁等职务；在他的领导下，微软亚洲技术中心运作没有几个月，所有技术指标就成为全球技术中心最高的。4 年的时间里，这个中心连跳三级，成为全球技术中心。

对唐骏来说，最具有挑战性的事情是 2002 年出任微软(中国) 公司的总裁，尽管谁也无法否认微软的强大，但在中国，微软的业务却一直不顺利。唐骏上任之后，一直在试图改善微软在中国的形象，采取了“军乐团计划“、“春耕计划”、“护航计划”等一系列举措，并力图向中国业界证明，微软(中国) 的航船方向将会与中国软件产业发展的方向一致。他就任微软（中国）公司总裁后，又创下销售纪录。甚至离职时，还被授予了微软（中国）公司终身荣誉总裁，这在微软也是独一无二的。

唐骏在实践自己 1998 年提出的一个管理理念——让他人伟大。他希望通过创造这样一种文化，把每个员工的积极性调动起来，让员工之间有互相帮助的精神。有的员工问：“我帮助别人伟大了，我怎么办?”唐骏告诉他：“如果你都能让别人伟大，你不觉得你自己更伟大吗?”

2002 年，微软召开全球峰会，地点是一个能容纳两万人的体育馆。报到当天唐骏发现，每个人胸前的卡片上都写着：“Make Others Great.”（让他人变得伟大）。他当时兴奋得不得了，这是那年整个会议的大标题，他的理念成为了微软公认的文化。

唐骏招人，并不看重专业知识。在微软时，他招进的员工中，有学化学的甚至考古的。他看中的是学习能力，最看重的就是正面的心态。唐骏会用10个问题将应聘者的情绪搞得高度紧张，确认下一个问题他只能凭直觉而非理智回答时，可能会迅速掏出自己的手机让对方进行介绍，这才是唐骏真正要考察的。问题没有标准答案，但可以看出一个人思考问题的角度是正面的还是负面的。就比如看到半杯水，是遗憾只剩下了半杯，还是庆幸尚有半杯。

2004年唐骏离开了微软，由于他对微软的贡献很大，被微软授予了“终身荣誉总裁”称号。同年，他加入了盛大公司，他所拥有的期权潜在价值高达数亿人民币，被大家称为“中国第一职业经理人”。他自己也感慨到：“自己创业干过，全球最优秀的企业我干过，技术工作我干过，销售我干过，区域管理负责人我干过，上市的过程我经历过，本土企业的情况我也了解了。人生的价值就是要多一份经历，我觉得我的职业经理生涯很圆满，很少有人能跟我一样！”四年之后，他又离开了盛大，但他在盛大的成绩却是有目共睹的。他验证了自己的理论：“简单的东西是最有效的。”他在盛大的处事之道就是三个词六个字：“尊重、沟通、共赢。”

其实他并没有想过有一天能当微软（中国）公司的总裁。

回想当年，因高考语文一分之差没有考上理想的大学和专业而苦闷失落甚至有些自暴自弃的唐骏，谁也没想到他能有今天这样的成绩。回顾分析唐骏十几年来的职业生涯发展路线，我们不仅看到他如何依靠智慧与努力主动改变着命运，也看到他成功光环背后的汗水。相信唐骏的故事对于我们每一个追求成长、希望获得更大成功的人都是有启发的。

2008 年 4 月 15 日，唐骏又以高达 10 亿人民币的“转会费”加盟新华都，再一次创造了一个商界的神话，也再一次证明了他的价值。

荷马：坚韧能使魔鬼变成天使

厄运和挫折是魔鬼，也是天使。要在厄运和挫折中赶走魔鬼、拥抱天使，最重要的美德就是坚韧。盲人荷马的坚韧，让他创作出两部永留青史的辉煌史诗。从某种程度上而言，决定荷马成功的诸多因素中，再没有什么比坚韧更可贵的品质了。坚韧几乎让人战无不胜，即便对手是冷酷的大自然。

公元前870年，荷马出生于希腊境内小亚细亚的一个世袭贵族家庭，从小就受到了良好的教育。在他无忧无虑的幼年时期，最倾心的是自然山水和神庙建筑。

然而，幸运的女神并没有一直垂青这个孩子。就在他风华正茂的少年时代，小亚细亚城邦发生了一场可怕的瘟疫，整整持续了半年多的时间，夺去了一批又一批患者的生命。小荷马也不幸染上了瘟疫，父母为他请来了最好的医生悉心诊治。虽蒙命运垂青，保住了小荷马的生命，但他那双明亮的眼睛却永远地失明了。

“厄运是一座深不可测的宝藏，越往里走，越璀璨夺目。”在母亲的鼓舞和教诲下，小荷马开始迎接厄运的挑战，对厄运报以乐观的态度，朝气蓬勃地投入了新的生活。

有一天，小荷马的母亲请来了一位会弹竖琴的行吟诗人，为他弹唱古代英雄的故事。这位行吟诗人的表演达到了炉火纯青的境界，小荷马被优美的琴声和悲壮的故事感动得流下了热泪。他当即请求母亲将这位行吟诗人留在家里，教自己吟诗弹琴，母亲满怀希望地答应了小荷马的请求。

通过三年的刻苦学习，聪慧的小荷马已经比较熟练地掌握了弹琴的技巧，并且学会了用诗歌来吟唱故事。由于他的琴声和歌声都极其富有魅力，很快就引起了人们的关注。但为了吟唱诗歌和搜集古老的故事，年仅 17 岁的荷马毅然决定远行。

从此，他在黑暗的世界中冒险前行，风餐露宿，历尽千辛万苦，几乎走遍了整个希腊的大地。后来在广泛收集民间故事的基础上，荷马凭借自己丰富的想象力和非凡的文学才华，创作出了两部史诗——《伊利亚特》和《奥德赛》。这两部永留青史的辉煌史诗，后来被公认为是希腊文学的源头，对世界文学史的发展也产生了深远的影响。

柏拉图：理想国的创始人

柏拉图（Plato，约公元前427—前347），古希腊哲学家，也是全部西方哲学乃至整个西方文化最伟大的哲学家和思想家之一。

柏拉图原名亚里士多克勒，家中排行老四。柏拉图是其体育老师给他起的绰号。他出身于雅典贵族，苏格拉底的学生，亚里士多德的老师。柏拉图跟随苏格拉底学习了10年，苏格拉底死后，他游历四方，曾到埃及、小亚细亚和意大利南部从事政治活动，企图实现他的贵族政治理想。公元前387年活动失败后逃回雅典，在一所称为阿加德米的体育馆附近设立了一所学园（学园是西方最早的教学机构，它是中世纪时在西方发展起来的大学的前身），此后执教40年，直至逝世。他一生著述颇丰，著有《理想国》、《法律篇》、《巴门尼德篇》、《会饮篇》、《智者篇》、《斐多篇》、《泰阿泰德篇》、《蒂迈欧篇》等。其教学思想主要集中在《理想国》和《法律篇》中。

柏拉图是西方客观唯心主义的创始人，其哲学体系博大精深，对其教学思想影响尤甚。柏拉图认为人的一切知识都是由天赋而来，它以潜在的方式存在于人的灵魂之中。因此认识不是对世界物质的感受，而是对理念世界的回忆。柏拉图哲学的本体论被称为“客观唯心主义”。他是西方客观唯心主义的奠基人。

柏拉图在跟随苏格拉底学习的时候很好学，是同学中最刻苦的一个 。有一次，柏拉图问老师什么是爱情？老师就让他先到麦田里去，摘一棵麦田里最大最饱满的麦穗来，期间只能摘一次，并且只可向前走，不能回头。于是柏拉图按照老师说的去做了。结果他两手空空的走出了田地。老师问他为什么摘不到？他说：因为只能摘一次，又不能走回头路，期间即使见到最大、最饱满的米麦穗，因为不知前面是否有更好的，所以没有摘；走到前面时，又发觉总不及之前见到的好，原来最大、最饱满的麦穗早已被我错过了；于是我什么也没摘到。老师说：这就是“爱情”。

之后又有一次，柏拉图问他的老师什么是婚姻，他的老师就叫他先到树林里，砍下一棵树林中最大、最茂盛、最适合放在家中做圣诞树的树。其间同样只能砍一次，同样只可以向前走，不能回头。于是，柏拉图照着老师的话做了。这次，他带了一棵普普通通，不是很茂盛，也不算太差的树回来了。老师问他，怎么带这棵如此普通的树回来，他说："有了上一次的经验，当我走了大半路程还两手空空时，看到这棵树也不太差，便砍下来，免得错过了，最后又什么也带不出来。"老师告诉他："这就是婚姻!"

人生正如穿越麦田和树林，只走一次，不能回头。要找到属于自己最好的麦穗和大树，你必须要有莫大的勇气和付出相当的努力。

《理想国》是柏拉图最重要的著作，该书代表了他理想的社会观。《理想国》涉及柏拉图思想体系的各个方面，包括哲学、伦理、教育、文艺、政治等内容，主要是探讨理想国家的问题。他认为，国家就是放大了的个人，个人就是缩小了的国家。人有三种品德：智慧、勇敢和节制。国家也应有三等人：一是有智慧之德的统治者；二是有勇敢之德的卫国者；三是有节制之德的供养者。前两个等级拥有权力但不可拥有私产，第三等级有私产但不可有权力。他认为这三个等级就如同人体中的上中下三个部分，协调一致而无矛盾，只有各就其位，各谋其事，在上者治国有方，在下者不犯上作乱，就达到了正义，就犹如在一首完美的乐曲中达到了高度和谐。他认为：理想的国家纵然还不能真实存在，但它却是唯一真实的国家，现存各类国家都应向它看齐，即使不能完全相同，也应争取相似。这就是柏拉图对他的理想国家所持的态度。柏拉图在文艺、美学等方面，也有成套的理论主张。他的“对话”妙趣横生、想象丰富，因此他完全有资格被列入古代文学大师之列。

在柏拉图的《理想国》中，有这么一个著名的洞穴比喻来解释理念论：有一群囚犯在一个洞穴中，他们手脚都被捆绑，身体也无法转身，只能背对着洞口。他们面前有一堵白墙，他们身后燃烧着一堆火。在那面白墙上他们看到了自己以及身后到火堆之间事物的影子，由于他们看不到任何其他东西，这群囚犯会以为影子就是真实的东西。最后，一个人挣脱了枷锁，并且摸索出了洞口。他第一次看到了真实的事物。他返回洞穴并试图向其他人解释，那些影子其实只是虚幻的事物，并向他们指明光明的道路。但是对于那些囚犯来说，那个人似乎比他逃出去之前更加愚蠢，并向他宣称，除了墙上的影子之外，世界上没有其他东西了。

柏拉图在西方受到了广泛的尊重和注意。因为他的作品是西方文化的奠基文献。在西方哲学的各个学派中，很难找到没有吸收过他的著作的学派。有的哲学史家认为，直到近代，西方哲学才逐渐摆脱了柏拉图思想的控制。

柏拉图的理论，虽被认为是唯心主义的，但他对西方哲学的启蒙作用被普遍认可，也因为他卓越的人格而备受尊重。

亚里士多德：最博学的人

亚里士多德（Aristotle，前384–前322），古希腊斯吉塔拉人，是世界古代史上最伟大的哲学家、科学家和教育家之一。亚里士多德是柏拉图的学生，亚历山大的老师。公元前335年，他在雅典办了一所叫吕克昂的学校，被称为逍遥学派。他总结了泰勒斯以来古希腊哲学发展的结果，首次将哲学和其他科学区别开来，开创了逻辑学、伦理学、政治学和生物学等学科的独立研究。他的学术思想对西方文化、科学的发展产生了巨大的影响。马克思曾称亚里士多德是古希腊哲学家中最博学的人物，恩格斯称他是古代的黑格尔。

公元前384年，亚里士多德生于富拉基亚的斯塔基尔希腊移民区，这座城市是希腊的一个殖民地，与正在兴起的马其顿相邻。他的父亲是马其顿国王腓力二世的宫廷御医，从他的家庭情况看，他属于奴隶主阶级中的中产阶层。他于公元前367年迁居到雅典，曾经学过医学，17岁赴雅典就读于柏拉图学园，由于他聪敏过人，深受柏拉图的喜爱，成为柏拉图的得意门生。他在学园一共学习了20年，直到柏拉图去世。

柏拉图称他是“学园之灵”。但亚里士多德可不是个只崇拜权威，在学术上唯唯诺诺而没有自己的想法的人。他同大谈玄理的老师不同，他努力地收集各种图书资料，勤奋钻研，甚至为自己建立了一个图书室。有记载说，柏拉图曾讽刺他是一个书呆子。在学院期间，亚里士多德就在思想上跟老师发生了分歧。他曾经隐喻地说过，智慧不会随柏拉图一起死亡。当柏拉图到了晚年的时候，他们师生间的分歧更大了，经常发生争吵。

公元前342年，亚里士多德回到马其顿，担任13岁的王子亚历山大的教师，这位王子就是后来的亚历山大大帝。他负责教王子达三年之久。公元前335年，亚历山大登上王位之后，亚里士多德返回雅典，在城外吕克昂的阿波罗神庙附近的运动场里另立讲坛。由此，他的学园被称为吕克昂。他的教学活动多在运动场里的散步区进行，边走边讨论问题，因此又被称为逍遥学派。与此同时，亚历山大大帝正忙于对外军事扩张。亚历山大并不想从老师那里得到什么劝导，相反为老师提供了大量钱财，以便让他继续从事科学研究。科学家依靠国家财力进行科学研究，这是历史上的第一次，也是其后数世纪中所没有出现过的情况。

作为一位最伟大的、百科全书式的科学家，亚里士多德对世界的贡献无人可比。但他的成就远不止于此。他还是一位真正哲学家，对哲学的几乎每个学科都作出了贡献。亚里士多德全部作品的数目大得惊人，有47部留存下来，古代书名册上的记录表明他写的书不少于170本。但是令人吃惊的不仅在于他的作品数量，而且在于他知识的博大精深。实际上他的科学著作构成了他所在时代的一部科学知识百科全书。其中包括天文学、动物学、地理学、地质学、物理学、解剖学、生理学，几乎古希腊人所掌握的任何其他学科都无所不有。他的科学著作一部分是对其他人已经获得的知识的汇编，一部分是他雇用助手为他收集资料所获的创造成果，一部分是他自己通过大量的观察而获得的成果。

亚里士多德在哲学上最大的贡献在于创立了形式逻辑这一重要分支学科。逻辑思维是亚里士多德在众多领域建树卓越的支柱，这种思维方式自始至终贯穿于他的研究、统计和思考之中。

在天文学方面，亚里士多德认为运行的天体是物质的实体，地是球形的，是宇宙的中心；地球和天体由不同的物质组成，地球上的物质是由水气火土四种元素组成，天体由第五种元素“以太”构成。

在生物学方面，他对五百多种不同的植物动物进行了分类，至少对五十多种动物进行了解剖研究，指出鲸鱼是胎生的，还考察了小鸡胚胎的发育过程。亚历山大大帝在远征途中经常给他捎回各种动植物标本。

在伦理学方面，亚里士多德强调的是所谓“黄金比例”。这或许和希腊自然派哲学家的“和谐”概念类似。他认为，人不应该偏向哪一个极端，惟有平衡，人才能过快乐和谐的生活。

亚里士多德集中古代知识于一身，在他死后几百年中，没有一个人像他那样，对知识有过系统考察和全面地掌握。他的著作是古代的百科全书，他的思想曾经统治过全欧洲。恩格斯称他是“最博学的人”。

达·芬奇：人文巨匠

莱昂纳多·达·芬奇（Leonardo Da Vinci，1452−1519），意大利文艺复兴时期最负盛名的美术家、雕塑家、建筑家、工程师、机械师、科学巨匠、文艺理论家、大哲学家、诗人、音乐家和发明家。他生于佛罗伦萨郊区的芬奇镇，卒于法国。其父为律师兼公证人，其母为农妇，他15岁来到佛罗伦萨，学艺于韦罗基奥的作坊，1472年入画家行会，15世纪70年代中期个人风格已趋成熟。1482−1499年间一直居于米兰，主要为米兰公爵服务，进行了广泛的艺术和科学活动，《岩间圣母》是他在这段时期创作的最有名的代表作。他是一位天才，他一面热心于艺术创作和理论研究，研究如何用线条与立体造型去表现形体的各种问题，同时也研究自然科学。

达·芬奇是意大利文艺复兴时期第一位画家，也是整个欧洲文艺复兴时期最杰出的代表人物之一。他是一位思想深邃、学识渊博、多才多艺的艺术大师、科学巨匠、文艺理论家、大哲学家、诗人、音乐家、工程师和发明家。他在几乎每个领域都做出了巨大的贡献。后代的学者称他是“文艺复兴时代最完美的代表”，是“第一流的学者”，是一位“旷世奇才”。所有的以及更多的赞誉他都当之无愧。

达·芬奇的全名是莱昂纳多·达·芬奇，他于1452年出生于意大利佛罗伦萨附近的芬奇小镇，后来他由此取名芬奇。关于他的身世，流传着许多种说法。但据史家考证，莱昂纳多·达·芬奇是农家女卡特利娜和律师兼地主塞·皮埃罗的私生子。

达·芬奇接连在佛罗伦萨、米兰与罗马宫廷服务，1519年死于法国。那时他是弗朗西斯一世的臣仆和朋友。幼年时他已经表现同异常的才智，使他的同辈与后辈都觉得他的确是一个出类拔萃的人物。他高尚的人格，优雅的态度，更是锦上添花，增进了他的思想与品格的力量。他对各种知识无不研究，对于各种艺术无不擅长。他是画家、雕塑家、工程师、建筑师、物理学家、生物学家、哲学家，而且在每一学科里他都登峰造极。在世界历史上可能没有人有过这样的纪录。他的成就虽已非常，但与他所开拓的新领域，他对于基本原理的把握，以及他对每一学科中的真正研究方法的洞察力比起来，就微不足道了。如果说彼特拉克是文艺复兴时代文学方面的先驱，莱昂纳多就是其他部门的开路先锋。他和许多文艺复兴时代的人不同，既不是经院的哲学家，也不是古典作家的盲目信徒。在他看来，对于自然界的观察与实验，是科学的独一无二的真方法。

达·芬奇富有幽默感、哲思和同情心，对旅行和自由充满渴求，这些都可以通过记载的史实得以验证。每当经过贩售笼中鸟的市场时，他都会不假思索地买下来，然后把小鸟放飞。达·芬奇还是一个技艺精湛的骑师，他一生中与马有着不解之缘。在训练马匹的时候，达·芬奇非常友好且有耐心。达·芬奇一生完成的绘画作品并不多，但件件都是不朽之作。其作品具有明显的个人风格，并善于将艺术创作和科学探讨结合起来，这在世界美术史上是独一无二的。学术界一般将其创作活动分为早期和盛期两个阶段。

他自幼年开始就兴趣广泛，努力学习绘画艺术、文学与自然科学技术等很多方面的知识。他鼓励人们向大自然学习。他认为“自然是一切教师的教师”，只有依靠直接的观察和实验，积极进行实践，才能获得正确的认识。他强调，“实践应以好的理论为基础”，而“理论脱离实践是最大的不幸”。同时指出，“真理只有一个，它不是在宗教之中，而是在科学之中”。达·芬奇的最大特点就是怀着永无休止的探索精神，孜孜不倦地研究自然和人生中的一切奥秘，最终成为闻名遐迩、永垂青史的大学者。

达·芬奇给人类留下了丰厚的精神财富。除了大量宝贵的艺术作品外，还留下了7000多页未经系统整理的手稿。如建筑设计、人体解剖、几何图、机械图乃至各种植物的叶子与花朵等。为了避免教会的迫害，这些手稿是达·芬奇用左手自右而左反写出来的，后人必须借助镜子的反射，才能辨认出其中的内容。后人根据这一手稿，已经整理出版了四部书，即《水的流动与测量》、《鸟的飞翔》、《生理解剖学》和《论绘画》。从中可见他的智慧和能力。

在艺术创作上，达·芬奇被称为世界画坛的一代宗师。他善于选择贴近现实社会生活与抒发完美理想的题材，善于运用光学与透视学的方法来描绘具体的场景和人物。他发明的明暗转移法更使画面具有丰富的层次感与凹凸感，留下了许多艺术精品和旷世奇作。还有些作品至今还是未解的谜团，引起了很多学者的关注。达·芬奇的名画《蒙娜丽莎》令世人为之倾倒，最主要的原因就是蒙娜丽莎的神秘微笑。五百年来，人们试图破译这一“密码”。种种猜想由此先后面世。

1.自画像说　有人认为《蒙娜丽莎》是达·芬奇的自画像，怪异的大师为自己欺骗了世人而得意，故笑容如此诡秘。后人曾对达·芬奇自画像的面部线条与画中人的面部线条进行了研究，发现二者的线条非常相似，眼睛、发际线与鼻子等轮廓竟然完全重合，由此认为这是达·芬奇的自画像。至于达·芬奇为什么要把自己画成女性形象，一种解释是他用这种方式隐晦地挑战以基督教为代表的西方男性霸权；还有一种说法是认为这是他“恋母”的一个体现。此外，还有人从语言学的角度进行了分析。古埃及的生殖男神叫 Amon，生殖女神叫 Lisa。将前者的字母排列稍加变化并与后者合在一起，就变成了 Mona Lisa。这样，蒙娜丽莎就成了一个雌雄合体，男人和女人平等地融合在一起。

2.脊背说 1993 年，加拿大美术史家苏珊·吉鲁公布了一项令人震惊的研究成果。她的研究表明，蒙娜丽莎那倾倒无数男人的口唇，只是一个健壮男子裸露的脊背！尽管这一论断既新鲜又荒诞，然而它的论证是有力的。就像阅读大师的文字需要借助镜子的帮助一样，借助镜子亦不失为欣赏其画作的一种方法：旋转 90 度后从镜中看蒙娜丽莎抿着的笑唇，恰好是一个背部线条分明的结实男性脊背以及左臂和肘部的一角！此外，表现人体美和对人性的呼唤，既是大师的人生哲学，又是他的艺术观。

3.逗笑说 在关于《蒙娜丽莎》的讨论中，一种说法认为其原型是佛罗伦萨著名银行家佐贡多的妻子丽莎·迪·格拉尔蒂尼。据说，天性冷漠、极少笑脸的格拉尔蒂尼生于 1479 年，在达·芬奇绘制这幅画时，她刚刚 24 岁。在长达 4 年的创作中，大师竭尽全力捕捉她的笑容。为了唤起她发自内心的情感，大师曾经请钢琴师为她演奏，让丑角为她表演。由此，她的微笑是由乐师和小丑的表演所引发的。

4.恋笑说 据说，一日，达·芬奇走在佛罗伦萨街头，被一个陌生女子的微笑深深吸引，于是，他把那个女子带回自己的画室，用绘画的技巧，力图使那一刻的记忆变成美学的永久思考。精神分析学鼻祖弗洛伊德指出："莱昂纳多·达·芬奇很可能被蒙娜丽莎的微笑迷住了，因为这个微笑唤醒了他心中长久以来沉睡着的东西——很可能是往日的一个记忆。这个记忆一经再现，就不能再被忘却，因为对他来说实在太重要了。他必须不断地赋予它新的表现方式。"关于"蒙娜丽莎"的微笑，还有"斯福尔扎说"、"恋情说"等多种说法，不一而足。此外，随着现代科技的发达，许多研究者试图用"科学"的办法解读蒙娜丽莎的神秘微笑。阿姆斯特丹大学和伊利诺伊斯大学的研究者用人脸识别的技术对这一名画进行检测，发现她的微笑中83%是喜悦，9%是厌恶，6%是恐惧，还有2%是愤怒。

作为肖像画，《蒙娜丽莎》的诞生，使得之前和之后的所有肖像画都黯然失色。在与大师同时代的人看来，达·芬奇就像一位充满传奇色彩的魔术师，有万能天才的美誉。在现代人眼中，令人惊异的是，他仅用十二幅完整的作品就奠定了他作为有史以来最伟大画家的地位。

在自然科学领域，达·芬奇的科学视野与知识水平已经超越了他的时代，其中有着诸多的天才预见和发明。在医学方面，他熟悉人体解剖知识，发现了血液对人体所发挥的新陈代谢的作用，对血液循环有了朦胧的认识，认为动脉硬化源于缺乏运动，被后人看做是近代生理解剖学的始祖。在数理化方面，他被公认为是加（+）、减（−）符号的首先使用者，是立体几何学中关于正六面体、球体和柱体面积之间关系方面的规律发现者。在物理学上，他预示了惯性原理，发展了杠杆原理并丰富了阿基米德的液体压力的概念。他还研究到空气的波动和声音的传递。对有关物质的原子原理，他也有科学的预见。在光学上，他还设计过人造眼球、望远镜等。达·芬奇还亲自做过化学实验，留下了一些相关的简单记录和化学仪器的构图。在生物学上，达·芬奇提出了“人和动物大同小异”的见解，并探讨过许多植物的生长过程及其规律。在天文学上，他曾经指出地球不是太阳系的中心，更不是宇宙的中心，而是一颗以椭圆形的轨道绕太阳运动的行星，太阳本身是不动的。而哥白尼的“太阳中心”说则是在达·芬奇去世后24年才发表的。在机械学方面，他在研究了当时的劳动工具后，设计了印刷机、织布机、纺纱机、剪毛机、抽水机、挖土机、起重机等。在水利工程上，达·芬奇设计过开凿运河、修改河道与建造水库、水闸等，并曾经在米兰主持过运河灌溉工程的施工。在建筑工程上，他留下了大量有关城市的桥梁、下水道、教堂、剧场、街道、房屋的设计图案，由他设计并监造的米兰的护城河，至今仍为专家所称道。达·芬奇在军事科学方面的成就更是惊人。有学者推断出他的成就已经达到第二次世界大战时的水平。据说他还是飞行器发明的先驱者，设计过各种飞行器械。还有人说他甚至还计划建造大的巡洋潜水艇，只因担心这一秘密泄露会使某些邪恶之人用来在海底作恶，才将此计划毁掉了。

曾有艺术评论家说：只有一个达·芬奇走在时代之前，他是精湛博学的天才，永不满足的探险家，他思索的触角远远超越了他的时代，穿越层层时空，与我们的今世相会合。

纵观达·芬奇的一生，他孜孜不倦地将人文主义精神贯穿于诸多知识领域的探索之中，把艺术和科学、理智和感情、形体和精神熔于一炉，将艺术创作推进到一个前所未有的高度，同时在自然科学方面作出了巨大贡献。正因为如此，恩格斯评价他“不仅是大画家，而且也是大数学家、力学家和工程师”，将他列为文艺复兴时代的第一位“巨人”。达·芬奇的一生也清晰地展示了，正是从封建制度向资本主义的社会转型，为他这类文化“巨匠”的产生提供了广阔的历史舞台，而这样一批文化“巨匠”则反过来又为当时新旧交替的时代变革，开拓出新的知识领域，提供了新的精神食粮。因为他是一个令人折服的生活强者。他有着不断求索的科学精神和勇敢顽强的人格。

伽利略：近代科学之父

伽利略·伽利雷（Galieo Galilei，1564—1642），意大利文艺复兴后期伟大的物理学家、天文学家、力学家、哲学家、数学家，也是近代实验物理学的开拓者。他是为维护真理而进行不屈不挠斗争的战士，恩格斯称他是“不管有何障碍，都能不顾一切而打破旧说，创立新说的巨人之一”。他开创了以实验事实为基础并具有严密逻辑体系和数学表述形式的近代科学。他为推翻以亚里士多德为旗帜的经院哲学对科学的禁锢、改变与加深人类对物质运动和宇宙的科学认识而奋斗了一生，因此被誉为“近代科学之父”。

伽利略1564年生于意大利的比萨城，就在著名的比萨斜塔旁边。他的父亲是个破产贵族。当伽利略来到人世时，家里很穷。伽利略的父亲是一位不得志的音乐家，精通希腊文和拉丁文，对数学也颇有造诣。因此，伽利略从小受到了良好的家庭教育。

十七岁时，他遵从父命进入比萨大学学医，同时潜心钻研物理学和数学。由于家庭经济困难，伽利略没有拿到毕业证书，便离开了比萨大学。在艰苦的环境下，他仍坚持科学研究，攻读了欧几里德和阿基米德的许多著作，做了许多实验，并发表了许多有影响的论文，从而受到了当时学术界的高度重视，被誉为“当代的阿基米德”。

伽利略是第一个把实验引进力学的科学家，他利用实验和数学相结合的方法确定了一些重要的力学定律。1582年前后，他经过长期的实验观察和数学推算，得到了摆的等时性定律。后来荷兰物理学家惠更斯根据这个原理制成挂摆时钟，人们称之为“伽利略钟”。他根据杠杆原理和浮力原理写出了第一篇题为《天平》的论文。不久又写了《论重力》，第一次揭示了重力和重心的实质并给出准确的数学表达式，因此声名大振。与此同时，他对亚里士多德的许多观点提出了质疑。

1592年，伽利略来到威尼斯的帕多瓦大学任教，开始了他科学活动的黄金时期。在这一时期，他研究了大量的物理学问题，如斜面运动、力的合成、抛射体运动等。他还对液体与热学作了研究，发明了温度计。

1610年，伽利略把他的著作以通俗读物的形式发表出来，取名为《星空信使》，这本书在威尼斯出版，轰动了当时的欧洲，也为伽利略赢得了崇高的荣誉。伽利略被聘为“宫廷哲学家”和“宫廷首席数学家”。

伽利略曾非正式地提出过惯性定律和外力作用下物体的运动规律，这为牛顿正式提出运动第一、第二定律奠定了基础。在经典力学的创立上，伽利略可说是牛顿的先驱。

伽利略还提出过合力定律，抛射体运动规律，这在他晚年写出的力学著作《关于两门新科学的谈话和数学证明》中有详细的描述。他还用实验证实了哥白尼的“地动说”，彻底否定了统治千余年的亚里士多德和托勒密的“天动说”。

伽利略的晚年生活极其悲惨，他的女儿赛丽斯特竟然先于他离开了人世。失去爱女的过分悲伤，使伽利略双目失明。即使在这样的条件下，他依然没有放弃自己的科学研究工作。

1642年1月8日，凌晨4时，伟大的伽利略——为科学、为真理奋斗一生的战士、科学巨人离开了人世，享年78岁。在他离开人世的前夕，他还重复着这样一句话：“追求科学需要特殊的勇气。”

伽利略在人类思想解放和文明发展的过程中作出了划时代的贡献。他为近代科学的生长，进行了坚持不懈的斗争，并向全世界发出了振聋发聩的声音。因此，他是科学革命的先驱，也是“近代科学之父”。他追求科学真理的精神和成果，永远为后代所景仰。

牛顿：第一个注意苹果落地的人

艾萨克·牛顿（Isaac Newton，1643–1727），英国著名科学家。艾萨克·牛顿爵士，是一位英格兰物理学家、数学家、天文学家、自然哲学家和炼金术士。他在1687年发表的论文《自然哲学的数学原理》里，对万有引力和三大运动定律进行了描述。这些描述奠定了此后三个世纪里物理世界的科学观点，并成为了现代工程学的基础。他通过论证开普勒行星运动定律与他的引力理论间的一致性，展示了地面物体与天体的运动都遵循着相同的自然定律，从而消除了对太阳中心说的最后一丝疑虑，并推动了科学革命。

1643年1月4日，在英格兰林肯郡小镇沃尔索浦的一个自耕农家庭里，牛顿诞生了。牛顿是一个早产儿，出生时只有三磅重，接生婆和他的亲人都担心他能否活下来。谁也没有料到这个看起来微不足道的小家伙会成为了一位震古烁今的科学巨人，并且竟活到了85岁的高龄。

牛顿出生前三个月父亲便去世了。在他两岁时，母亲改嫁给一个牧师，把牛顿留在外祖母身边抚养。11岁时，母亲的后夫去世了，母亲带着和后夫所生的一子二女回到牛顿身边。牛顿自幼沉默寡言，性格倔强，这种习性可能来自他的家庭处境。

一谈到牛顿，人们可能认为他小时候一定是个“神童”、“天才”、有着非凡的智力，其实不然。牛顿童年身体瘦弱，头脑并不聪明。在家乡读书的时候，很不用功，在班里的学习成绩属于次等。但他的兴趣广泛，游戏的本领也比一般儿童高。平时他爱好制作机械模型一类的玩意儿，得到了人们的赞许。

牛顿12岁时进入了离家不远的格兰瑟姆中学。牛顿的母亲原希望他成为一个农民，但牛顿本人却无意于此，而酷爱读书。后来迫于生活，母亲让牛顿辍学在家务农，赡养家庭。但牛顿一有机会便埋首书卷，以致经常忘了干活。

牛顿工作很忘我，每天除抽出少量的时间锻炼身体外，大部分时间是在书房里度过的。一次，在书房中，他一边思考着问题，一边煮鸡蛋。苦苦地思索，简直使他痴呆。突然，锅里的水沸腾了，赶忙掀锅一看，“啊！”他惊叫起来，锅里煮的却是一块怀表。原来他考虑问题时竟心不在焉地随手把怀表当做鸡蛋放在了锅里。

还有一次，牛顿邀请一位朋友到他家吃午饭。他研究科学入了迷，把这件事情忘掉了。他的佣人照例只准备了牛顿一个人吃的午饭。临近中午，客人应邀而来。客人看见牛顿正在埋头计算问题，桌上、床上都摆着稿纸、书籍。看到这种情形，客人没有打搅牛顿，见桌上摆着饭菜，以为是给他准备的，便坐下吃了起来。吃完后就悄悄地走了。当牛顿把题计算完之后，走到餐桌旁准备吃午饭时，看见盘子里吃过的鸡骨头，恍然大悟地说："我以为我没有吃饭呢，我还是吃了。"

牛顿在临终前对自己的生活道路是这样总结的："我不知道在别人看来，我是什么样的人；但在我自己看来，我不过就像是一个在海滨玩耍的小孩，为不时发现比寻常更为光滑的一块卵石或比寻常更为美丽的一片贝壳而沾沾自喜，而对于展现在我面前的浩瀚的真理的海洋，却全然没有发现。"至于在力学和天文学方面，有伽利略、开普勒、胡克、惠更斯等人的努力，牛顿才有可能用已经准备好的材料，建立起一座宏伟壮丽的力学大厦。

牛顿是个十分谦虚的人，从不自高自大。曾经有人问牛顿："你获得成功的秘诀是什么？"牛顿回答说："假如我有一点微小成就的话，没有其他秘诀，唯有勤奋而已。"他又说："假如我看得远些，那是因为我站在了巨人们的肩上。"这些话多么意味深长啊！它生动地道出牛顿获得巨大成就的奥妙所在，这就是在前人研究成果的基础上，以献身的精神，勤奋地创造，才开辟出了科学的新天地。

1727 年 3 月 20 日，伟大的艾萨克·牛顿逝世了。同其他很多杰出的英国人一样，他被埋葬在了威斯敏斯特教堂。他的墓碑上镌刻着：让人们欢呼这样一位多么伟大的人类荣耀曾经在世界上存在。

贝多芬：扼住命运的咽喉

贝多芬，全名路德维希·凡·贝多芬；1770 年出生，1827 年去世；伟大的德国作曲家、维也纳古典乐派代表人物之一，对世界音乐的发展有着举足轻重的作用，被尊称为“乐圣”。

他是人类艺术史上最伟大的创造者之一。他一方面有着卓越的音乐天赋、炽热的叛逆气质和巨人般的坚强性格；另一方面他那百折不挠的意志和对社会的责任感而产生的崇高思想，形成他作为一个音乐家的特殊品质。他通过自己的创作，特别是他的 9 部交响曲，反映了那个时代伟大的人民运动和最进步的思想。

1770 年，贝多芬出生于莱茵河畔距法国不远的小城——波恩。他的祖父是波恩宫廷乐团的团长，父亲是一个宫廷男高音歌手。

贝多芬自幼便显露出他的音乐天才。8岁时贝多芬已开始在音乐会上表演并尝试作曲，但是他所受的音乐教育一直是非常零散和没有系统的。

12岁时，贝多芬已经能够自如地演奏，并且担任管风琴师聂费的助手，他开始正式跟聂费学习音乐。

聂费是一位具有多方面天才的音乐家，他扩大了贝多芬的艺术视野，使贝多芬熟悉了德国古典艺术的一些优秀范例，并巩固了对崇高目的的理解。贝多芬的正规学习和有系统的教养，实际上是从聂费的细心教导和培养开始的。聂费引导贝多芬在1787年到维也纳就教于莫扎特，莫扎特听过他的演奏之后，就预言有朝一日贝多芬将震惊全世界。

贝多芬到维也纳不久，便接到母亲的死讯，他不得不立即赶回波恩。由于家庭的拖累，一直到1792年秋他父亲死后，他才第二次来到维也纳，但这时莫扎特却已不在人世。

贝多芬第二次来到维也纳后，很快就赢得了“维也纳最卓越的演奏家”的美名。此后，他先跟海顿学习，后来跟申克、阿勃列希贝尔格和萨利耶里等人学习。他在波恩通过与知识分子勃莱宁的交往，接触到当时许多著名的教授、作家和音乐家，并从他们那里受到“狂飙运动”的思潮影响。他的民主思想在法国大革命前几年已臻成熟，但在革命年代中成长尤为迅速。

贝多芬在维也纳最初10年（1792年至1802年）的创作，比较著名的作品有《月光》和《克罗采》奏鸣曲及《第三钢琴协奏曲》等。在此期间，他对社会与政治诸问题又有了进一步的理解，也能意识到他要努力探寻的目标。1802年至1812年，他的创作进入成熟时期，这段时间后来成为他的“英雄年代”。

贝多芬创作活动的成熟过程表面看来相当迟缓，但实际上却非常稳固。他30岁时才开始写第一部交响曲，而莫扎特在这样的年纪已经写了40部左右的交响曲。

贝多芬生活道路非常坎坷。从1796年26岁时开始便已感到听觉日渐衰弱，直到1801年，当他确信自己的耳疾无法医治时，才把这件事情告诉他的朋友。当贝多芬真切地感觉到自己的耳朵越来越聋时，几乎绝望。

人生似乎不值得继续下去了：对一个音乐家来说，还有比听不见他喜欢听而且靠它生活的甜美声音更不幸的事情吗？贝多芬放弃了到各王宫去听他喜爱的音乐会，他怕人们注意到他的耳聋，以为一个听不见声音的音乐家是写不出好作品来的。

在这种情况下，贝多芬说出了一句在世界上流传甚广的名言：“我要扼住命运的咽喉！”

贝多芬在耳朵全聋、健康情况恶化和生活贫困、精神上受到折磨的情况下，仍以钢铁般的毅力创作了《第九（合唱）交响曲》，总结了他光辉的、史诗般的一生，并展现了人类的美好愿望。

1827 年 3 月 26 日，贝多芬在维也纳去世。死时没有一个亲人在他身旁，但是在 3 月 29 日下葬时却形成了一个群众性的浪潮，所有的学校全部停课表示哀悼，有两万群众护送他的灵柩。

贝多芬的墓碑上铭刻着奥地利诗人格利尔巴采的题词："当你站在他的灵柩跟前的时候，笼罩着你的并不是志颓气丧，而是一种崇高的感情。我们只有对他这样一个人才可以说：他完成了伟大的事业……"

卢梭：启蒙运动最卓越的代表

让·雅克·卢梭（Jean Jacques Rousseau，1712—1778），是法国著名启蒙思想家、哲学家、教育家、文学家，是18世纪法国大革命的思想先驱，启蒙运动最卓越的代表人物之一。主要著作有《论人类不平等的起源和基础》、《社会契约论》、《爱弥儿》、《忏悔录》等。

卢梭1712年6月29日出生于瑞士日内瓦一个钟表匠的家庭。父亲是钟表匠，技术精湛；母亲是牧师的女儿，颇为聪明，端庄贤淑。母亲因生他难产去世，他是由父亲和姑妈抚养大的。卢梭后来在他的《忏悔录》中回忆道：“我的出生使母亲付出了生命，我的出生也是我无数不幸中的第一个不幸。”

他父亲的嗜好是读书，这种嗜好无疑也遗传给了他。7岁的卢梭就将家里的书籍遍览无余。他还外出借书阅读，如勒苏厄尔著的《教会与帝国历史》、包许埃的《世界通史讲话》、普鲁塔的《名人传》、那尼的《威尼斯历史》、莫里的几部剧本等等，他都阅读过。

卢梭13岁时，舅舅决定将他送往马斯隆先生那里，在他手下学当律师书记，希望他能赚点生活费。卢梭15岁当钟表学徒谋生，因不堪忍受粗暴的待遇，16岁时为生活所迫而离开日内瓦，到处为有钱人做临时工，居无定所。后来，他遇到了贵妇德·瓦朗夫人，被其收留。1732年以后，在德·瓦朗夫人的庇护下，他系统地学习了历史、地理、天文、物理、化学、音乐和拉丁文，并接受了伏尔泰的哲学思想。此后，他当过仆从、秘书、家庭教师、乐谱抄写员。在巴黎，他应狄德罗之约，为《百科全书》撰写音乐方面的文稿。1749年10月，在狄德罗的鼓励下，应第戎学院的征文，以论文《论科学与艺术》中选，蜚声法国。1755年，法国第戎学院再次征文。卢梭以《论人类不平等的起源和基础》应征，从此确立了卢梭的在西方思想界的地位。

他在巴黎住了15年，早已厌倦了城市生活。于是他决定隐居，这时的卢梭已有些名气，已经不用再为生活费发愁了。他的文笔和天赋已使他成为知名的文人，但是，卢梭觉得为面包而写作，会毁灭他的才华。他的才华不是在笔上，而是在心里，他始终认为作家的地位只有在它不是一个行业的时候才能保持；当一个人只为维持生计而思维的时候，他的思想就难以高尚，为了能够和敢于说出伟大的真理，就绝不能屈从于对成功的追求。

卢梭隐居6年之中，写了许多著名的著作，有政治学名著《民约论》，这是世界政治学史上著名的经典著作之一；他的政治观点，对后来的法国革命产生了很大影响。教育学论著《爱弥儿》，简述了他那独特而自由的教育思想，这是一部儿童教育的经典著作，不但对后来的教育学说产生了深远的影响，而且其民主自由的思想也成为法国大革命的动力。自传体小说《新爱洛绮丝》的出版，成为人人争看的畅销书，并被翻译成多种语言，风靡全欧。

变抑制天性的教育为尊重天性的教育，是教育上的巨大变革。在这个历史转折点上，卢梭是关键性的人物。他竭力主张根据受教育者不同阶段的身心特征来规定教育任务。

卢梭“归于自然”的理论体现在教育目标上，要求培养自然人；而身心协调发展的自然人理论，比当时的教育理想跨越了一大步。而卢梭塑造的爱弥尔，既有哲学家的头脑，又有劳动者的身手，还有改革家的品德。无疑，他是卢梭所憧憬的自然人。

卢梭的著作对社会主义、民族主义、浪漫主义、极权主义和反理性主义的崛起是一个重要的因素，还为法国革命扫清了道路，为现代民主和平等的理想做出了重大的贡献。

站在连接日内瓦老城和新区的勃朗峰大桥上，沿罗纳河方向望去，几十米外就是著名的“卢梭岛”。该岛原名巴尔克岛，是罗纳河上的一块自然礁石。卢梭幼年时代曾出城玩耍，晚上回来因城门关闭被迫露宿城外。那个当年遥望着巴尔克岛的点点烛光独自流泪的孩子恐怕没有想到，该岛后来会以他的名字命名。

1778 年卢梭客死法国巴黎郊外的一个村庄，后来被隆重地安葬在巴黎先贤祠。

高斯：数学王子

高斯（Gauss），德国数学家，科学家，和牛顿、阿基米德一起被誉为有史以来的三大数学家。他是近代数学奠基者之一。在历史上影响之大，可以和阿基米德、牛顿、欧拉并列，有“数学王子”之称。

1796年的一天，德国哥廷根大学，一个19岁的青年吃完晚饭，开始做导师单独布置给他的每天例行的数学题。正常情况下，青年总是在两个小时内完成这项特殊作业。

像往常一样，前两道题目在两个小时内顺利地完成了。第三道题写在一张小纸条上，是要求只用圆规和一把没有刻度的直尺做出正17边形。青年没有在意，像做前两道题一样开始做起来。然而，做着做着，青年感到越来越吃力。

困难激起了青年的斗志：我一定要把它做出来！他拿起圆规和直尺，在纸上画着，尝试着用一些超常规的思路去解这道题。当窗口露出一丝曙光时，青年长舒了一口气，他终于做出了这道难题。

见到导师时，他感到有些内疚和自责。他对导师说："您给我布置的第三道题我做了整整一个通宵，我辜负了您对我的栽培……"导师接过青年的作业一看，当即惊呆了，他用颤抖的声音对青年说："这真是你自己做出来的？青年有些疑惑地看着激动不已的导师，回答道："当然。但是，我很笨，竟然花了整整一个通宵才做出来。"导师请青年坐下，取出圆规和直尺，在书桌上铺开纸，叫青年当着他的面做一个正 17 边形。青年很快就做出来了。导师激动地对青年说："你知不知道，你解开了一道有两千多年历史的数学悬案？阿基米德没有解出来，牛顿也没有解出来，你竟然一个晚上就解出来了！你真是天才！我最近正在研究这道难题，昨天给你布置题目时，不小心把写有这个题目的小纸条夹在了给你的题目里。"

多年以后，这个青年回忆起这一幕时，总是说："如果有人告诉我，这是一道有两千多年历史的数学难题，我不可能在一个晚上解决它。"这个青年就是数学王子高斯。后来为了纪念他，在德国哥廷根大学的广场上，引人注目地矗立着一座用白色大理石砌成的纪念碑，它的底座砌成正十七边形，纪念碑上是一个青铜雕像，他就是高斯。19 世纪前期，德国数学家高斯在近代科学研究领域里，以其数学研究的辉煌成果，被世人公认为继牛顿之后的最伟大的数学家，被人们誉为“数学王子”。

1777 年 4 月 30 日，高斯出生在德国布劳恩什维格城郊的一个小村。他爷爷是个农民，父亲是个短工，母亲是石匠的女儿。在高斯的家族中没有一个读书人。高斯小的时候，家里非常贫困，连油灯都买不起，高斯只好把一个大萝卜挖去了心，塞进一块油脂，插上一根灯芯，做成一盏灯，用来读书。

高斯很早就展现出了过人的才华，3 岁时就能指出父亲账册上的错误。7 岁时进了小学，有一位城里来的老师很看不起他们这些穷孩子。总是给孩子们出难题，高斯 10 岁时，老师考了那道著名的“从 1 加到 100”，终于发现了高斯的才华，他知道自己的能力不足以教高斯，就从汉堡买了一本较深的数学书给高斯读。同时，高斯和大他差不多十岁的助教变得很熟，后来他的助教成为大学教授，他教了高斯更多更深的数学。

1788 年，年仅 11 岁的他，就发现了二项式定理。1794 年他开始从事研究测量误差，提出了最小二乘法，1826 年前后，他连续出版了三部关于最小二乘法的著作。1799 年，他证明了代数学的一个基本定理：实系数代数方程必有根。1801 年，他出版了《算术研究》一书，开创了近代数论。1818 年，他提出了关于非欧几里德可能性的思想，虽然在生前没有发表，可实际上他已经是非欧几里德几何学的创始人之一。1827年，他又建立了微分几何中关于曲面的系统理论——这是微分几何的开端，著有《曲面的一般研究》一书。1831年，他建立了复数的代数学，用平面上的点来表示复数，破除了复数的神秘性。另外，他沿着拉普拉斯的思想，继续发展了概率论。此外，他还研究了向量分析，关于正态分布的正规曲线、质数定理的验算等。他在数学的许多方面都取得了出色的成果。高斯24岁时出版了《算学研究》，这本书原来有八章，由于钱不够，只好印七章。这本书除了第七章介绍代数基本定理外，其余都是数论，可以说是数论第一本有系统的著作。

高斯还是一个多才多艺的人，他不仅在数学上无人可比，同时在天文学、物理学直至测地学等方面也都有较深的造诣。在天文学方面，高斯研究了月球的运转规律；还创立了一种可以计算星球椭圆轨道的方法，可以极准确地预测出行星的位置。在物理学方面，高斯与德国物理学家韦伯合作，一道建立了电磁学中的单位制，并于1833年首创了电磁铁电报机。高斯还在库仑定律的基础上，提出了高斯定律，它是静电作用的基本定律之一。在测地学方面，高斯发明了“日光反射器”，并写出了相关著作。为了研究地球表面，1822年他在地图投影中采用了等角法，1827年写出了《曲面的一般研究》一书。高斯还发表了地磁理论，绘出了世界上第一张地球磁场图，写出了磁南极和磁北极的位置。

高斯的学术地位，历来为人们推崇。他有“数学王子”、“数学家之王”的美称、被认为是人类有史以来“最伟大的四位数学家之一”（阿基米德、牛顿、高斯、欧拉）。人们还称赞高斯是“人类的骄傲”。天才、早熟、高产、创造力不衰……，人类智力领域的几乎所有褒奖之词，对于高斯都不过分。如果我们把18世纪的数学家想象为一系列的高山峻岭，那么最后一个令人肃然起敬的巅峰就是高斯；如果把19世纪的数学家想象为一条条江河，那么其源头就是高斯。

在1855年2月23日的清晨，高斯在他的睡梦中安详地去世了。

法拉第：顽强毅力创造奇迹

迈克尔·法拉第（1791—1867），19世纪最伟大的实验科学家之一。英国物理学家，化学家。自学成才。提出了著名的电磁感应定律，法拉第电解定律等。英国皇家学会会员，成名后一直坚持青少年科普教育。

1791年，法拉第出生于伦敦市郊一个贫困铁匠的家里。他父亲的收入微薄，经常生病，子女又多，所以法拉第小时候连饭都吃不饱，有时他一个星期只能吃到一个面包，当然更谈不到去上学了。

法拉第12岁的时候，就上街去卖报。一边卖报，一边从报上识字。到13岁的时候，法拉第进了一家印刷厂当图书装订学徒，他一边装订书，一边学习。每当工余时间，他就翻阅装订的书籍。有时甚至在送货的路上，他也边走边看。经过几年的努力，法拉第终于摘掉了文盲的帽子。

渐渐地，法拉第能够看懂的书越来越多。劳动了一天以后，他在微弱的烛光下拼命地读书。他开始阅读《大英百科全书》，并常常读到深夜。他特别喜欢电学和力学方面的书。法拉第没钱买书、买本子，就利用印刷厂的废纸订成笔记本，摘录各种资料，有时还自己配上插图。

一个偶然的机会，英国皇家学会会员丹斯来到印刷厂校对他的著作，无意中发现法拉第的“手抄本”。当他知道这是一位装订学徒的笔记时，大吃一惊，于是，丹斯送给法拉第皇家学院的听讲券。

1813 年 3 月，法拉第由戴维举荐到皇家研究所任实验室助手。这是法拉第一生的转折点，从此他踏上了献身科学研究的道路。同年 10 月，戴维到欧洲大陆作科学考察、讲学，法拉第作为他的秘书、助手随同前往。历时一年半，先后经过法国、瑞士、意大利、德国、比利时、荷兰等国，结识了安培、盖·吕萨克等著名学者。1815 年，法拉第陪同戴维教授自欧洲大陆旅行讲学归来后，除了协助戴维进行化学试验之外，自己也开始独立从事一些小实验。他在以后的 10 年里进行了各方面的实验。1842 年，法拉第被选为伦敦皇家学会会员。一年后，他发现了一种重要的碳氢化合物——苯。同年，任皇家实验室主任，不久，又任化学教授，并接替了戴维死后留下的职位。相传法拉第的老师戴维，一个誉满全球、世界公认的大化学家在瑞士日内瓦养病时，有人问他一生中最伟大的发现是什么，他绝口不提自己发现的钠、钾、氯、氟等元素，却说："我最伟大的发现是一个人，他就是法拉第！"

法拉第主要从事电学、磁学、磁光学、电化学方面的研究，并在这些领域取得了一系列重大发现。1820年，奥斯特发现电流的磁效应之后，法拉第于1821年提出"由磁产生电"的大胆设想，并开始了艰苦的探索。1821年9月，他第一次实现了电磁运动向机械运动的转换，从而发明了电动机的实验室模型。

1831年是法拉第重大发现的一年。这一划时代的伟大发现，使人类掌握了电磁运动相互转变以及机械能和电能相互转化的方法，成为现代发电机、电动机、变压器技术的基础。与此同时，他还研究了电流的化学作用。

为了说明电的本质，法拉第进行了电流通过酸、碱、盐溶液的一系列实验，从而导致1833—1834年连续发现电解第一定律和电解第二定律，为现代电化学工业奠定了基础，第二定律还指明了存在基本电荷，电荷具有最小单位，成为支持电的离散性质的重要结论，对于导致基本电荷的发现以及建立物质电结构的理论具有重大意义。为了正确描述实验事实，法拉第确定了迁移率、阴极、阳极、阴离子、阳离子、电解、电解质等许多概念和术语。

回国以后，法拉第开始独立进行科学研究。不久，他发现了电磁感应现象。1834 年，他发现了电解定律，震动了科学界。这一定律，被命名为“法拉第电解定律”。由于他对电化学的巨大贡献，人们用他的姓——“法拉第”，作为电量的单位，用他姓的缩写——“法拉”作为电容的单位。1845 年，他病愈后又重新置身于研究工作之中，并发现了抗磁性。

法拉第是电磁场理论的奠基人，他首先提出了磁力线、电力线的概念，在电磁感应、电化学、静电感应的研究中进一步深化和发展了“力线思想”，并第一次提出“场”的思想，建立了电场、磁场的概念，否定了超距作用观点。爱因斯坦曾指出，场的思想是法拉第最富有创造性的思想，是自牛顿以来最重要的发现。麦克斯韦正是继承和发展了法拉第的“场”的思想，为之找到了完美的数学表示形式，从而建立了电磁场理论。

法拉第依靠刻苦自学，从一个连小学都没念过的装订图书学徒工，跨入世界第一流科学家的行列。恩格斯曾称赞法拉第是“到现在为止最大的电学家”。

巴尔扎克：持之以恒，义无反顾

巴尔扎克（1799—1850），生于法国中部的图尔城。19世纪法国伟大的批判现实主义作家，欧洲批判现实主义文学的奠基人和杰出代表。1829年发表了长篇小说《舒昂党人》。这是巴尔扎克获得世界声誉的第一部作品。此后他以旺盛的精力，惊人的速度写出了一部又一部作品，筑成了宏伟壮丽的文学大厦——《人间喜剧》，主要作品有：《欧也妮·葛朗台》、《高老头》、《交际花盛衰记》、《幻灭》、《贝姨》、《幽谷百合》、《驴皮记》、《苏城舞会》等。

巴尔扎克从小就喜欢文学，希望有一天自己能够成为一名作家。然而，经商的父亲为了赢得财产和名誉，让他学习了3年法律，并当了诉讼代理人和公证人事务所的见习生。

巴尔扎克非常讨厌这种生活。因而，在 3 年见习期满后，他同父亲摊牌，提出要到巴黎学习文学和创作。父亲根本不同意，于是父子俩展开了激烈的争论，后来在母亲和他人的调解下，父亲才勉强同意了他的要求，但每月只向他提供最低的生活费用，且只提供两年的时间。

巴尔扎克毫不犹豫地到了巴黎。由于经济拮据，他只好在贫民窟租住阁楼，发愤读书，以卖文补贴生活的费用。两年后，父亲向他提供的最低生活费用中断，他卖文不能够保证他的衣、食、住所需。为使自己能够生活下去，他决定先经商，挣点钱后再从事文学创作。1826 年，他向亲友借钱，开了一家经营出版、印刷业的公司，但经营无方，图书销路不畅，他不但没挣到钱，反而赔上了 9 000 法郎。为了还债，巴尔扎克还想试试运气，又借钱开采废银矿，结果赔得更惨，欠下了 60 000 法郎。从此，巴尔扎克不得不靠借高利贷度日。

巨额的债务并没有使巴尔扎克屈服。之后，他用了整整 7 年时间练习创作。当他兴高采烈地把第一部作品——五幕诗体悲剧《克伦威尔》读给别人听的时候，很多人竟然睡着了。有一位文学教师对他说：“小伙子，我劝你今后改做任何事情，但不要从事写作了。”

巴尔扎克如火的热情被泼了一盆冷水，但这丝毫没有影响他从事文学创作的决心。他认真吸取了这次失败的教训，反思自己究竟该怎样走文学创作之路。这时候，他决定写出一部反映“整个社会历史”的宏伟巨著来。

为了构筑这一鸿篇巨制，巴尔扎克开始系统地学习哲学、历史、经济学、神学等学科，并抽出时间到巴黎大学听文学讲座。为了写作，他一天都要连续工作十几个小时，有时候实在累极了，他就喝一杯浓咖啡，以刺激自己的神经。他曾经慨叹道：“我将死于三万杯咖啡!”

1829 年，巴尔扎克第一部长篇小说《最后一个朱安党人》出版，并获得了成功，以此拉开了《人间喜剧》创作的序幕。到他去世前，巴尔扎克共创作了九十余部作品，塑造了许多栩栩如生的人物形象，巴尔扎克将作品编成一个总集，取名为《人间喜剧》。

安徒生：把困难当成"百事可乐"

安徒生出身于一个贫穷的家庭，后来又经受丧父的打击，但这丝毫没有打败他。他充分利用一切可以利用的条件，如幻化戏剧情节，让自己快乐起来；还写出《卖火柴的小女孩》、《丑小鸭》、《看门人的儿子》等享誉全球的童话故事，成为深受广大读者喜欢的童话作家。他由一个"丑小鸭"变成"白天鹅"，与他不畏艰难困苦、积极乐观的精神有着密切联系。

正所谓"天降大任于斯人也，必先苦其心志，劳其筋骨，饿其体肤"。当生活中遇到不如意的事情时，不要灰心丧气，而要善于把困难当成"百事可乐"，才能转化不利的境遇，获得成功。

安徒生出生在一个穷苦人家，刚生下来时，比一般的婴儿都小，显得娇小可怜。尽管家里一贫如洗，但是一家人相亲相爱，安徒生从小在父母的疼爱中逐渐长大。

安徒生的家很简陋，只有一间小屋子，破凳烂床把这个小小的空间塞得满满的，没有给孩子留下多大的活动空间。然而父亲却把它布置得像一个小博物馆似的，墙上挂上了许多图画和瓷器，橱窗柜上摆了一些玩具，书架上放满了书籍和歌谱，就是在门的玻璃上，也画了一幅风景画……

夏天，父母总是带着安徒生到森林里去野餐。每次野餐总是把家中仅有的肉类和乳酪全部带去，以求尽兴。置身于大自然中，小安徒生是最快乐的，他热爱周围的花草、虫、鸟。大自然的一切都是那么神奇，美妙，小安徒生陶醉了，令他涌起了一股作诗的念头。

11 岁那年，父亲去世，母亲把他送进一所贫民学校念书。在学校里，安徒生偏爱圣经故事中的图画，向往着图画中的世界，对诗也很着迷。渐渐地，安徒生开始尝试着写一些韵文和诗歌。后来还决定写一部戏剧。起初，安徒生认为剧本中的人物，只要死得越多，戏就会越好看。当他根据古老的传说改编了第一个剧本时，竟兴奋得大声朗读起来，不料邻居竟探出头来，轻蔑地讥笑作品荒谬。然而，母亲却给了安徒生极大的鼓励和安慰。

安徒生读了大量的莎士比亚的剧本，深深地被莎士比亚的作品的魅力所倾倒，他努力地背诵剧中的每一场每一景。另外，只要是在剧场看过的戏，回家后他总是亲自试演，脑子里不停地闪现戏中的人物、场景、剧情，久久不能自拔。

后来，安徒生离开了母亲，只身到哥本哈根去追求他的戏剧梦。他勤奋地学习，执着地追求，最终成为世界最著名的童话作家，被人们誉为“童话之王”。他的作品被译成世界各国的文字，从终年积雪的冰岛到烈日炎炎的赤道，地球上每个角落都流传着他的美丽的童话。

达尔文：进化论的奠基人

查尔斯·罗伯特·达尔文（Charles Robert Darwin，1809–1882），19世纪英国杰出的生物学家、物种起源和发展学说的创始者、生物进化论的奠基人。他找到了生物发展的规律，证明所有的物种都有共同的祖先。达尔文的这一重大发现，对生物学具有划时代的意义，在科学上完成了一个伟大的革命，结束了生物学领域中唯心主义、形而上学的统治时期，对近代生物科学产生了巨大而深远的影响。恩格斯称达尔文的进化论为19世纪自然科学的三大发现之一。

达尔文于1809年2月12日出生于施鲁斯伯里镇一个世代医生的家庭。祖父和父亲都是当地的名医，家里希望他将来继承祖业，16岁时便被父亲送到爱丁堡大学学医。但他少年时代就爱好博物学和化学等自然科学。尤其喜欢打猎、采集矿物和动植物标本。进到医学院后，他仍然经常到野外采集动植物标本。父亲认为他“游手好闲”、“不务正业”，一怒之下，于1828年又送他到剑桥大学，改学神学，希望他将来成为一个“尊贵的牧师”。达尔文对神学院的神创论等谬说十分厌烦，他仍然把大部分的时间用于听自然科学讲座，自学大量的自然科学书籍。对神秘的大自然充满了浓厚的兴趣。在这里，他对两种水生生物进行了研究，获得了一些有趣的发现，于是，他在该校的学术团体普林尼学会先后宣读了他最早的两篇论文，那时他才17岁。

1831年他毕业后就参加了测量考察舰“贝格尔”号历时5年的环球旅行。这是对达尔文有着决定意义的5年。南美洲等地大量的物种变异的事实，使他对《圣经》产生了怀疑。通过对采集到的各种动物标本和化石进行比较和分析，他认识到物种是可变的。由此，他逐步摆脱了神创论的束缚，坚定地走上了相信科学和追求真理的道路。

1832年2月底，“贝格尔”号到达巴西，达尔文上岸考察，向船长提出要攀登南美洲的安第斯山。当他们爬到海拔4000多米的高山上时，他意外地在山顶上发现了贝壳化石。他非常吃惊，他心中想到：“海底的贝壳怎么会跑到高山上来呢？”经过反复思索，他终于明白了地壳升降的道理。达尔文脑海中一阵翻腾，对自己的猜想有了更进一步的认识：“物种不是一成不变的，而是随着客观条件的不同而相应变异！”

后来，达尔文又随船横渡太平洋，经过澳大利亚，越过印度洋，绕过好望角，于1836年10月回到英国。在历时5年的环球考察中，达尔文积累了大量的资料。回国之后，他一面整理这些资料，一面又深入实践，同时，查阅大量书籍，为他的生物进化理论寻找根据。1842年，他第一次写出《物种起源》的简要提纲。1859年11月达尔文经过20多年研究而写成的科学巨著《物种起源》终于出版了。在这部书里，达尔文旗帜鲜明地提出了“进化论”的思想，说明物种是在不断变化的，是由低级到高级、由简单到复杂的演变历程。

这部著作的问世，第一次把生物学建立在完全科学的基础上，以全新的生物进化思想，推翻了“神创论”和物种不变的理论。《物种起源》是达尔文进化论的代表作，标志着进化论的正式确立。

紧接着，达尔文又开始他的第二部巨著《动物和植物在家养下的变异》的写作，以不可争辩的事实和严谨的科学论断，进一步阐述了他的进化论观点，提出物种的变异和遗传、生物的生存斗争和自然选择的重要论点，并很快出版了这部巨著。晚年的达尔文，尽管体弱多病，但他以惊人的毅力，顽强地坚持进行科学研究和写作，连续出版了《人类的由来》等很多著作。

达尔文本人认为“他一生中主要的乐趣和惟一的事业，是他的科学著作。还有一些在旅行中直接考察得到的最重要的科学成果，如达尔文本人所写的著名的《考察日记》和《贝格尔号地质学》、《贝格尔号的动物学》等。在他的著作中，具有特别重大历史意义的是《物种起源》，表明达尔文的进化论思想和自然选择理论的逐步发展过程。《物种起源》的出版是一件具有世界意义的大事，因为《物种起源》的出版标志着19世纪绝大多数有学问的人对生物界和人类在生物界中的地位的看法发生了深刻的变化。

达尔文是一位不畏劳苦沿着陡峭山路攀登的人。在《物种起源》发表以后的20年里，他始终没有中断过科学工作。1876年，他写成的《植物界异花受精和自花受精的效果》一书，就是经过长期大量实验的结果。书中提出的异花受精一般是有利的结论，已在农业育种中广泛应用。到了晚年，达尔文心脏病严重，但他仍坚持科学工作。就在他去世的前两天，他还带着重病去记录实验情况。

1882年4月19日，这位伟大的生物学家逝世了。由于达尔文一生对生物科学作出的划时代的贡献，人们将他葬在伦敦威斯敏斯特教堂的北廊，和杰出的科学家牛顿葬在了同一个地方。

孟德尔：近代遗传学之父

孟德尔（Gregor Johann Mendel，1822–1884），他首先提出用豌豆这种严格的自交植物做实验，并发现了生物的遗传规律，是遗传学的奠基人，被称为“现代遗传学之父”。

孟德尔1822年7月22日出生于奥地利西里西亚附近的农民家庭，全名叫约翰·孟德尔，是家中五个孩子中惟一的男孩。他的故乡素有“多瑙河之花”的美称。孟德尔的父亲酷爱园艺，是果树栽培嫁接方面的行家，左邻右舍的农民经常来向他请教。约翰从小就在父亲的影响下学会了干各种农活，并且对果树嫁接产生了浓厚的兴趣。由于家境困难，他没有读完大学，就到布龙一所修道院当了院士。这是由于他感到“被迫走上生活的第一站，而这样便能解除他为生存而做的艰苦斗争”。

因此，对于孟德尔来说，“环境决定了他职业的选择”。1847年获得牧师职位。在朋友的资助下，1849年他获得一个担任中学教师的机会。但在1850年的教师资格考试中，他的成绩很差。为了“起码能胜任一个初级学校教师的工作”，他所在的修道院把他派到维也纳大学学习，希望他能得到一张正式的教师文凭。1853年夏天，他回到布龙修道院，担任动植物学教师。他结合教学，从事植物的杂交实验工作。

经过比较之后，孟德尔把自己的精力集中在豌豆的杂交研究上。因为豌豆是一种严格进行自交的植物。这对孟德尔的实验来说是非常重要的。后来，正是这个实验解决了2300多年前亚里士多德提出的：“有一个白种人女子嫁给一个黑种人，他们的子女是白色的，但到了孙儿那一代之中，为什么又有黑色的？”这类问题。

起初，孟德尔豌豆实验并不是有意为探索遗传规律而进行的。他的初衷是希望获得优良的品种，只是在试验的过程中，逐步把重点转向了探索遗传规律上。豌豆的杂交实验从1856年至1864年共进行了8年。他发现了生物遗传的基本规律，那就是“孟德尔第一定律”和“孟德尔第二定律”，它们揭示了生物遗传奥秘的基本规律。

孟德尔将其研究的结果整理成论文发表。但是，伟大的孟德尔的思维和实验太超前了，尽管与会者绝大多数是布鲁恩自然科学协会的会员，其中既有化学家、地质学家和生物学家，也有生物学专业的植物学家、藻类学家，但他们实在跟不上孟德尔的思维。因此，孟德尔的研究并未引起任何反响。

1900年，三位植物学家——荷兰的德弗里斯、德国的科伦斯、奥地利的切马克几乎在同时发表了各自的论文，而且，在论文中都称赞了一个奥地利人孟德尔，说他发现了重要的遗传学定律，是遗传学的奠基人。因为孟德尔远在他们之前，已经深入地研究了遗传现象。

孟德尔还提出了遗传学上另一个重要理论——遗传因子自由组合定律。虽然他的论文发表了，自然科学学会的年刊也分送到欧洲和美洲的大约120个图书馆里，可没有一个人能弄懂孟德尔的这篇论文，也没有一个人能认识到这篇论文的重大意义。

1884年1月6日，62岁的孟德尔在布隆修道院悄悄地离开了人间。一直到他死去16年后，人们才了解到他创立的学说的伟大，并在布隆立了一座石像来隆重纪念他。孟德尔终于得到了世界的公认！

1965年，英国一位进化论专家在庆祝孟德尔上述论文发表100周年的讲话中说：“一门科学完全诞生于一个人的头脑之中，这是惟一的一个例子。”在同年的另一次演讲中，他更明确地指出：“准确地说出一门科学分支诞生的时间和地点的事是稀奇的，遗传学是个例外，它的诞生归功于一个人：他就是孟德尔。”

诺贝尔：毅力与智慧的宠儿

阿尔弗雷德·贝恩哈德·诺贝尔，1833年10月21日出生，瑞典著名化学家，硝化甘油炸药的发明人。

他是一个破产者的儿子，却成了百万富翁；他是一个科学家，却酷爱文学；他是一个实业家，又是一个理想家；他发了财，却过着简朴的生活；他和客人在一起兴致勃勃，私下里却经常郁郁寡欢；他是一个热爱人类的人，却从未有过妻子和儿女来热爱他；他是一个热爱祖国的赤子，却孑然一身，死在异国；他发明了一种新的炸药——硝化甘油炸药，目的是改进采矿和道路修筑等和平时期的工业，却看到炸药被用做战争武器以杀伤人类；在他有用的一生中，他经常感到自己无用；他的成就驰名全世界，自己却始终默默无闻，因为他在一生中总是避免抛头露面，死后却给别人带来了荣誉。

1833 年，诺贝尔出生于瑞典首都斯德哥尔摩。诺贝尔的父亲倾心于化学研究，尤其喜欢研究炸药。受父亲的影响，诺贝尔从小就表现出顽强、勇敢的性格。他经常和父亲一起去实验炸药，几乎是在轰隆轰隆的爆炸声中度过了童年。

诺贝尔一家于 1842 年离开斯德哥尔摩，同当时正在圣彼得堡的父亲团聚。

诺贝尔从小主要受家庭教师的教育，到了 8 岁才上学，但只读了一年书，这也是他所受过的唯一的正规学校教育。为了使他学到更多的东西，1850 年，父亲让他出国考察学习。先是离开俄国赴巴黎学习化学，一年后又赴美国工作了 4 年。几年中，他先后去过德国、法国、意大利和美国。由于诺贝尔善于观察、认真学习，很快成为一名流利地说英、法、德、俄、瑞典等国家语言的科学家。返回圣彼得堡后，诺贝尔在他父亲的工厂里工作。

重返瑞典以后，诺贝尔开始制造硝化甘油炸药。在这种炸药投产后不久的 1864 年，工厂发生爆炸，诺贝尔最小的弟弟和另外 4 人被炸死。由于危险太大，瑞典政府禁止重建这座工厂，被认为是“科学疯子”的诺贝尔，只好在湖面的一只船上进行实验，寻求减小搬动硝化甘油时发生危险的方法。一次偶然的机会，诺贝尔发现硝化甘油可以被干燥的硅藻土所吸附，这种混合物可以安全运输，这使他得以改进黄色炸药和必要的雷管。

黄色炸药在英国和美国取得专利之后，诺贝尔继续实验并研制成一种威力更大的同一类型的炸药——爆炸胶，于1876年取得专利。大约10年后，又研制出最早的硝化甘油无烟火药弹道炸药。

诺贝尔曾要求弹道炸药的专利权包括柯达炸药，但遭到法庭否决。诺贝尔本质上是一位和平主义者，希望他发明的破坏性炸药有助于消灭战争，但他对人类和国家的看法是悲观主义的。

诺贝尔一生的发明极多，获得的专利就有255种，其中仅炸药就达129种，就在他生命垂危之际，他仍念念不忘对新型炸药的研究。

诺贝尔不喜欢经商，但是他却成了一位富有的商人，他生前在各国创建的诺贝尔分公司，可以说是现代跨国公司的先驱。

1863年10月14日，诺贝尔在瑞典获得硝化甘油引爆物的专利后，想立即建厂投产。由于市政当局的禁令，他在市区任何地方都找不到厂址，只好在“船上化工厂”着手投产。此后，诺贝尔在瑞典开办了4家工厂。到了19世纪70年代，诺贝尔已成工业巨富，他委托大哥在芬兰和俄国开办了化工厂，还投资诺贝尔兄弟石油公司，后者曾是诺贝尔巨额资产的重要财源之一。后来各国的公司和工厂被改组为两个国际托拉斯：英德托拉斯和拉丁托拉斯。从1886年到1896年的10年间，诺贝尔跨国公司遍及 21 个国家，拥有 90 余座工厂，雇工多达万余人。

在诺贝尔生前与身后，人们对他常有欧洲“最富有的流浪汉”之说。他一生没有妻室儿女，也没有固定住所，一生的大部分时间都在忍受着疾病的折磨。

诺贝尔在他生命的最后几年，先后立下 4 份内容非常相似的遗嘱。第一份立于 1889 年，第二份立于 1893 年，第三份立于 1895 年，最后一份存放在斯德哥尔摩一家银行，也就是要以它为准的最后遗嘱。这份遗嘱取消了分赠亲友的部分，将自己的全部财产用于设立奖励基金，于 1897 年初在瑞典公布于众。

1896 年 12 月 10 日，诺贝尔在意大利的桑利玛由于心脏病突然发作而逝世，终年 63 岁。

莫奈：印象派大师

克劳德·莫奈（Claude Monet，1840–1926），印象画派代表人物。代表作《日出·印象》，《阿尔让特伊大桥》，《阿尔让特伊的帆船》，《卢昂大教堂》，《睡莲》等。他对光色的专注远远超越物体本身，他的作品所散发出的光线、色彩、运动和充沛的活力，取代了以往绘画中僵死的构图和不敢有丝毫创新的传统主义。

克劳德·莫奈于1840年2月14日生于法国巴黎，恰巧与著名的法国雕塑艺术大师罗丹的出生年月日完全一致。印象画派代表人物。印象派运动可以看做是19世纪自然主义倾向的巅峰，也可以看做是现代艺术的起点。克劳德·莫奈的名字与印象派的历史密切相连。莫奈对这一艺术环境的形成和他描绘现实的新手法，比其他任何人贡献都多。从印象主义的产生、发展看，始作俑者非马奈莫属，但真正完全实现印象主义理念和技法并且一以贯之的当推莫奈。

父亲库路多·阿多洛夫·莫奈是一位杂货商，在法国北部港口阿弗尔与他的姐夫合伙经营着一家仪器店。莫奈出生后不久，全家迁往诺曼底。莫奈5岁时在当地就学，他将学校视同牢狱，在悬崖和海边嬉戏的时光多于听课，故此学习成绩不佳，在班上总是排在倒数几名的位置上，这个孩子惟一的爱好就是绘画，他常常在笔记本上作素描，以老师和同学为对象画漫画，日积月累，倒也掌握了一些绘画技巧。不过，父母对此不赞成。小莫奈乐此不疲，加上与生俱来的禀赋，几年后，他的漫画居然开始在文具店里展出并且出售。15岁的时候，莫奈在当地已小有名气，他为自己作品开出的价格是每幅20法郎。

初从布丹学习，并受容金和柯罗的影响，后转向外光的描写。马奈和透纳的作品给了他很大的启发。莫奈的创作目的主要是探索表现大自然的方法，记录下瞬间的感觉印象和他所看到的充满生命力和运动的东西。曾长期探索光色与空气的表现效果，常在不同的时间和光线下，对同一对象连续作多幅描绘，从自然的光色变幻中抒发瞬间的感受。不注重对象的明晰的立体的形状。主要作品有《草地上的午餐》、《圣阿德列斯的阳台》、《花园里的女人们》、《日出·印象》、《巴黎圣拉查尔火车站》、《干草垛》和组画《睡莲》等。

1865-1870年是莫奈创作的早期。在这之前他已开始用印象主义特有的碎笔触作画，如《野餐》和《圣阿德列斯的阳台》。莫奈的创作目的主要是探索表现大自然的方法，记录下瞬间的感觉印象和他所看到的充满生命力和运动的东西。他把对象当做平面的色彩图案来画，而不注意其重量和体积。1868年与雷诺阿、布日瓦尔一起创作了第一批印象主义的作品，这些作品是用强烈的碎笔触描绘的室外光、运动和瞬间感觉。

1871年冬天，他弄到了一艘小船，把它作为画室。不论阴晴寒暑，他都不在室内工作。塞纳河冻封了，他在冰上凿孔置放画架和小凳。手指冻僵了，就叫人送个暖水袋来。大西洋风势疾劲时，便把自己和画架缚在岩石上。他以刻苦的精神应付生命中的逆境。

1874年莫奈展出《日出·印象》之后，批评家以“印象主义者的展览会”为题在报上评论这一运动，因而得名。其实这幅作品本不是莫奈画作中最典型的。

1889年6月，为了纪念法国大革命一百周年，莫奈与罗丹两位大师举办了作品的联合展出，其中包括1864-1889年莫奈的作品66件，博得了好评。

进入19世纪90年代，莫奈创作了若干组作品，即“组画”。所谓的“组画”，就是画家在同一位置上，面对同一物象，在不同时间、不同的光照下所作的多幅画作。这是莫奈晚年作品中的一个特色。

1911 年 5 月，继 1879 年莫奈夫人卡缪去世后，他的第 2 位妻子阿里斯又先他而去。画家深陷于悲痛之中，视力也随之下降。1914 年，47 岁的长子在长期患病后不幸亡故，已是高龄的莫奈更是形单影孤。不久，由于白内障，画家几乎丧失了视力，9 月，被医生禁止作画。转年后，经过手术，视力有所恢复。晚年，他不顾眼疾继续探索大自然，主要作品有《圣阿德列斯的阳台》（1866）、《花园里的女人们》（1866-1867）、《河流》（1868）、《日出·印象》（1872）、《巴黎圣拉查尔火车站》（1877）、《干草垛》（1891）、《睡莲》（1906-1926）。

1925 年，85 岁的老画家独自一人，又投入了大型壁画的创作之中。在人们期待的目光里，这件足以反映出画家对光与色认识的深度，描绘技巧娴熟的大型壁画《睡莲》，已耗尽了他的全部心力。就在这件巨作完成的第 2 天——1926 年 2 月 6 日，这位仅存的印象派大师永远地告别了人间。按照既定计划，《睡莲》被安置于卢浮宫旁、原法王亨利二世王后的土伊勒宫中橘园的圆形大厅，作为永久性陈列品。1927 年建成的该厅，被誉为“印象派的西斯廷礼拜堂”。

他晚期的《睡莲》等作品已成为现代美术抽象风格源头之一。莫奈在绘画艺术上的卓越贡献，使他成为整个艺术史上最伟大的大师之一。

爱迪生：让发明改变世界的人

爱迪生，1847年出生，1931年去世；全名托马斯·阿尔瓦·爱迪生（Thomas Alva Edison）。

尽管他一生只在学校里读过3个月的书，但勤奋好学，勤于思考，发明了电灯、电报、留声机、电影等1000多种成果，成为著名的发明家，为人类的文明和进步作出了巨大贡献。

1847年2月11日，爱迪生出生于美国中西部俄亥俄州的米兰小镇。父亲是荷兰人的后裔，母亲曾当过小学教师，是苏格兰人的后裔。

爱迪生7岁时，父亲经营屋瓦生意亏本，将全家搬到密歇根州休伦北郊的格拉蒂奥特堡定居。搬到这里不久，爱迪生得了很长时间的猩红热。

爱迪生8岁上学，但仅仅读了3个月的书，就被老师斥为“低能儿”而撵出校门。从此，他的母亲成为他的“家庭教师”，决定自己教儿子读书识字。母亲良好的教育方法，使得爱迪生对读书产生了浓厚的兴趣。他不仅博览群书，而且过目成诵。8岁时，爱迪生读了英国文艺复兴时期最重要的剧作家莎士比亚、狄更斯的著作和许多重要的历史书籍，9岁时能迅速读懂难度较大的书，如帕克的《自然与实验哲学》。

爱迪生对于自然科学的最早兴趣是在化学方面，10岁时就酷爱化学。爱迪生收集了200多个瓶子，并节省每个小钱儿去购买化学药品。11岁那年，爱迪生实验了他的第一份电报。为了赚钱购买化学药品和设备，爱迪生开始工作。

12岁时，爱迪生获得列车上售报的工作。他一边卖报，一边兼做水果、蔬菜生意，只要有空就到图书馆看书。1861年美国爆发了南北战争，刚满14周岁的爱迪生买了一架旧印刷机，利用火车的便利条件，办了一份小报——《先驱报》，来传递战况和沿途消息，第一期报纸就是在列车上印刷的。他一人兼任记者、编辑、排字、校对、印刷、发行的工作。小报受到欢迎，他也从紧张的工作中增长了才干、知识和经验，还挣了不少钱。

爱迪生用所挣得的钱在行李车上建立了一个化学实验室。但不幸的是，一次他在火车上做实验时，列车突然颠簸，使一块磷落在木板上，引起燃烧。列车员赶来扑灭了火焰，也狠狠地给了他一个耳光，打聋了他的双耳。他被赶下了火车，那时爱迪生才 15 岁。

爱迪生并没有灰心，又迷上了电报，经过反复钻研，在 1868 年发明了一台自动电力记录器，这是他的第一个发明。后来他又发明了两种新型的电报机。1877 年他发明了碳精电话送话器，使原有的电话声音更为清晰。此外，他还发明了留声机。

1878 年 9 月，31 岁的爱迪生开始研究电灯。他在研究了弧光灯后宣布能发明一种使人满意的光，但需要钱。那时爱迪生已是一个有 170 项发明专利权的人，他的发明给资本家带来很大利润，因此一个财团愿意向他提供资助。经过几千次失败，1879 年 4 月爱迪生改进了前人的棒状、管状灯，做出了一个玻璃球状物。1879 年 10 月 21 日，爱迪生把一个经过碳处理的棉线固定在玻璃泡内，抽出了空气，封上口，通上电流，它发光了，一种新的照明物出现了。

1880 年至 1882 年，爱迪生设计了电灯插座、电钮、保险丝、电流切断器、电表、挂灯，还设计了主线和支线系统，制成了当时世界上容量最大的发电机，并在纽约建立第一座发电厂，开辟了第一个民用照明系统。后来他又同乔治·伊斯曼一起发明了电影摄影机。爱迪生发明的留声机、电灯和电力系统、电影摄影机，丰富和改善了人类的文明生活。

爱迪生还是一位伟大的企业家。1879 年，创办了爱迪生电力照明公司；1880 年，白炽灯上市销售。1891 年，爱迪生的细灯丝、高真空白炽灯泡获得专利。1892 年，汤姆·休斯顿公司与爱迪生电力照明公司合并成立了通用电气公司，开始了通用电气在电气领域长达一个世纪的统治地位。

1931 年 8 月 1 日，爱迪生身感不适，经医生诊断，他同时患有多种病症：慢性肾炎、尿毒症和糖尿病。1931 年 10 月 18 日，爱迪生逝世，终年 84 岁。

爱迪生一生勤奋好学，善于思考，努力工作，75 岁时还每天准时到实验室签到上班。他在几十年间几乎每天工作十几个小时，晚间在书房读 3 小时到 5 小时书，若用平常人一生的活动时间来计算，他的生命已经成倍地延长了。因此，爱迪生在 79 岁生日的那天，他骄傲地对人们说："我已经是 135 岁的人了。"

爱迪生活到 84 岁，一生中的发明有 1100 项之多，其中最大的贡献是发明留声机和自动电报机，实验并改进了白炽灯和电话。爱迪生 20 岁开始就研究电灯，历时十余年，他先后选用了竹棉、石墨、钽等上千种不同物质做灯丝材料进行试验，时常通宵达旦，有一次他和助手们竟连续工作五昼夜。1879 年，爱迪生用碳丝作为白炽灯丝，并点燃 40 小时。由于碳丝表面多孔，性脆，强度很低，不久被钨丝代替。

迄今为止，还没有人能打破爱迪生持有 1100 个发明专利权的纪录，人们因此称他为"发明之王"。

凡·高：一只耳朵的画圣

凡·高（Vincent Van Gogh，1853–1890），荷兰人，后期印象画派代表人物，被称为后印象派的三大巨匠之一。生前一直过着贫苦的生活，死后他的画才得到人们的认可。

19世纪伟大的艺术巨匠文森特·威廉·凡·高，1853年3月30日出生在荷兰北部津德尔特的牧师家庭。在凡·高之前，有一个和他同名的哥哥出生后夭折了，这件事成为凡·高心理上的一个阴影，所以他自幼性格孤僻，缄默木讷而又腼腆羞怯。4年后，凡·高的弟弟提奥·凡·高出生，他是凡·高一生中最大也是最坚定的支持者与崇拜者。凡·高早年经商，后热衷于宗教，1880年以后开始学习绘画。曾两次在咖啡馆和饭馆等劳工阶层展出自己的作品。后来开始追求更有表现力的技巧。代表作

《向日葵》、《邮递员鲁兰》、《咖啡馆夜市》、《包扎着耳朵的自画像》、《星光灿烂》、《凡·高在阿尔勒卧室》、《欧韦的教堂》等，都包含着深刻的悲剧意识以及强烈的个性和形式上的独特追求。他的作品当时虽很难被人接受，却对西方20世纪的艺术有着深远的影响。法国的野兽主义、德国的表现主义以及20世纪初出现的抒情抽象主义等，都从他的主体在创作过程中的作用、自由抒发内心感情、意识和把握形式的相对独立价值、在油画创作中吸收和撷取东方绘画因素等方面得到启发，形成了各自不同的绘画流派。他也被称为后印象派的三大巨匠之一。

小时候的凡·高不爱学习，但他很有语言天赋。他会说英语、德语、法语，还会用它们写信。再加上后来学习宗教时学的拉丁语和希腊语，还有母语荷兰语，他总共会六种语言。1861年凡·高进入尊德特乡村小学读书。两年后，也就是1866年9月，凡·高结束了普罗维利私人寄宿学校的学习，进入蒂尔堡的威廉二世国王公立学校学习。1868年，凡·高休学返回尊德特老家，之后再没有回去上学，这时的凡·高才15岁。

凡·高摒弃了一切后天习得的知识，漠视学院派珍视的教条，甚至忘记自己的理性。在他的眼中，只有生机盎然的自然景观，使他陶醉于其中，物我两忘。他视天地万物为不可分割的整体，他用全部身心，拥抱一切。

凡·高年轻时在画店里当店员，这算是他最早受的“艺术教育”。后因工作出色被转到伦敦分店工作。凡·高质朴、真诚、热情的性格，使别人都很喜欢他，他的前途似乎也是一片光明，因为他的伯伯是当时欧洲最大的画商之一，而他被认为是这位著名画商的理想继承人。凡·高在这段日子里通过工作，学习了大量的艺术知识，也读了大量的文学作品，这使他在很年轻的时候就有了很高的艺术鉴赏力，这也为他日后成为一位杰出的艺术家打下了基础。后来到巴黎，和印象派画家相交，在色彩方面受到启发和熏陶。因此，人们称他为“后印象派”。他比印象派画家更彻底地学习了东方艺术中线条的表现力，他很欣赏日本葛饰北斋的“浮世绘”。而在西方画家中，从精神上给他更大影响的则是伦勃朗、杜米埃和米莱。

凡·高生性善良，同情穷人，早年为了“抚慰世上一切不幸的人”，他曾自费到一个矿区里当教士，跟矿工一样吃最差的伙食，一起睡在地板上。矿坑爆炸时，他曾冒死救出一个重伤的矿工。他的这种过分认真的牺牲精神引起了教会的不安，终于把他撤了职。这样，他才又回到绘画事业上来，受到他的表兄以及当时荷兰一些画家短时间的指导，并与巴黎新起的画家建立了友谊。

1888年初，35岁的凡·高厌倦了巴黎的城市生活，来到法国南部小城阿尔，寻找他向往的灿烂阳光和无垠的农田。他租下了“黄房子”，准备建立“画家之家”，又称“南方画室”。这时，他的创作真正进入了高潮。《向日葵》、《夜间咖啡座——室外》、《夜间咖啡座——室内》、《收获景象》、《海滨渔船》就是这一时期的代表作品。但他依然只能靠弟弟提奥的资助生活。

同年12月，凡·高因精神失常。割下了自己的一只耳朵。他的病情时好时坏，1889年夏天，到圣雷米精神病院休养。后来因病情复发，于1888年7月27日开枪自杀，29日清晨离世。

凡·高一生共创作了800多幅作品，但生前并未得到社会的真正承认。凡·高全部杰出的、富有独创性的作品，都是在他生命最后的6年中完成的。他最初的作品，情调常是低沉的，可是后来，他大量的作品变低沉为响亮和明朗，好像要用欢快的歌声来慰藉人世的苦难，以表达他强烈的理想和希望。一位英国评论家说："他用全部精力追求了一件世界上最简单、最普通的东西，这就是太阳。"他的画面上不单充满了阳光下的鲜艳色彩，而且不止一次地去描绘令人逼视的太阳本身，并且多次描绘向日葵。为了纪念他去世的表兄莫夫，他画了一幅阳光下《盛开的桃花》，并题写诗句说："只要活人还活着，死去的人总还是活着。"

他生前只卖出一幅画，售价为4英镑，所以一直过着贫苦的生活。而100年后凡·高的《向日葵》以4200万美元的价格售出。这是迄今为止艺术品的最高价格之一。凡·高已成为被人顶礼膜拜的伟大艺术家，一个异类，一个艺术史上永恒的天才和苦行僧。

福特：汽车大王

亨利·福特（Henry Ford，1863–1947），美国汽车工程师、企业家，福特汽车公司的创立者。他也是世界上第一位使用流水线大批量生产汽车的人。这种新的生产方式使汽车成为一种大众产品，也使福特汽车公司成为世界上第一大汽车公司。他所推出的著名的T型车、A型车、V型车等都被称为历史上著名的“世界车”，成为世界汽车工业发展史上的重要里程碑。它不但革命了工业生产方式，而且对现代社会和文化起了巨大的影响，因此，有一些社会理论学家将这一段经济和社会历史称为“福特主义”。

亨利·福特出生于美国密歇根州韦恩郡的史普林威尔镇，

福特的父母威廉·福特和玛利·福特是来自爱尔兰的移民，福特出生在他父母拥有的一座农庄里，在兄弟6人中福特排行第一。他从小就对机械感兴趣。12岁时，他花了很多时间建立了一个自己的机械坊，15岁时，他亲手制造了一台内燃机。福特自学成为了一名蒸汽机技术师。1887年进底特律爱迪生电灯公司当技术员，后升为总工程师。1896年，他制造了他的第一辆汽车，他将它命名为“四轮车”。

它的“四轮车”样式很简单，几块铁板松散地安在四个自行车轮上，前面装上一个门铃。组装好的车出不了门，他就拿斧头把墙砸开，并在倾盆大雨中把车开上大街。这个“怪物”惊呆了路人，它的时速达到20公里，比别的车都快。连愤怒的房东都没有责怪他，反而为棚屋造了个活动门，方便汽车出入。这就是后来车库的雏形。

发明电灯、留声机、活动照相机的大发明家托马斯·爱迪生，对福特试制成功的内燃机引擎汽车大加赞赏，甚至说超过了他本人设计的电动车，是“创世纪的发明”。世界上最伟大的发明家的赞扬，使福特勇气倍增。

1903年6月16日，福特汽车公司正式成立了。福特敏锐地预感到，汽车的时代到来了。他要成为这个时代的主宰，开创一个“福特的时代”。1908年，福特公司生产出世界上第一辆属于普通百姓的汽车——T型车，这也标志着世界汽车工业革命的开始。

1913年，福特汽车公司又开发出了世界上第一条流水线，其想法来自芝加哥食品包装厂用来加工牛排的空中滑轮。这一创举使T型车的产量达到了一个前所未有的世界记录，福特先生为此被称为“为世界装上轮子”的人。福特汽车公司的产量也已经是全国汽车总产量的一半。

T型车自从1908年问世以来，到1927年为止，在整整19年的时间里，总共生产汽车1500多万辆，创下了前所未有的奇迹。第一次世界大战结束以后，地球上行驶的汽车，有一半是T型车。至此，福特公司终于成为世界上最大的汽车公司，福特本人也因此获得了“汽车大王”的称号。在这19年里，仅美国一地就销售了15 007 033辆。福特汽车公司在全球牢牢建立了自己作为综合工业巨头的地位。

1999年，《财富》杂志将他评为“二十世纪商业巨人”，以表彰他和福特汽车公司对人类工业发展所作出的杰出贡献。亨利·福特先生成功的秘诀只有一个：尽力了解人们内心的需求，用最好的材料，由最好的员工，为大众制造人人都买得起的好车。在美国独立200周年期间，为了配合这个有纪念意义的节日，美国最大的通讯社美联社在对这200年中的20件大事进行的全美民意测验中，福特汽车公司名列第十，可与后来的“阿波罗”飞船登月、原子弹爆炸媲美。

在全世界，“汽车之父”只有卡尔·本茨一人，同样，享有“汽车大王”之美誉的也只有亨利·福特一人，可谓是前无古人，后无来者。是他将人类社会带入了汽车时代。他是第一个将小汽车正式命名为“轿车”的人，也是世界著名品牌“福特”汽车的创始人，从一个一文不名的穷小子到亿万富翁，福特个人奋斗的历史已经成为许多年轻人津津乐道的传奇。

1947 年 4 月 7 日晚上，亨利·福特因突发脑溢血病逝于家中。他葬礼的那一天，美国所有的汽车生产线停工一分钟，以纪念这位“汽车界的哥白尼”。美国“汽车大王”的一生虽然结束了，但他从天才少年技师到汽车大王的传奇经历，以及他设计的 T 型大众车和流水线生产的方式等，也随着他的大名，在世界汽车工业发展史上留下了灿烂的一页。

居里夫人：勤勉敬业的女科学家

居里夫人，全名玛丽·居里（Marie Curie），1867 年 11 月 7 日出生，1934 年 7 月 4 日去世；著名科学家，研究放射现象，发现镭和钋两种天然放射性元素。

她一生创造、发展了放射科学，长期无畏地研究强烈放射性物质，直至最后把生命贡献给了这门科学。她一生中共得过包括诺贝尔奖等在内的 10 次著名奖金，得到国际高级学术机构颁发的奖章 16 枚，世界各国政府和科研机构授予她的各种头衔达 107 个，但是她一如既往地谦虚谨慎。爱因斯坦为此评价："在所有著名人物里面，玛丽·居里是唯一没有被盛名宠坏的人！"

1867 年，玛丽出生于波兰的华沙。高中毕业后，曾患一年的精神疾病。在姐姐的资助下移居巴黎，并在巴黎大学学习数学和物理学。经过4年的努力，玛丽在巴黎大学取得物理及数学两个硕士学位。在那里，她成为该校第一名女性讲师。

在大学里，玛丽结识了另一名讲师，即皮埃尔·居里，也就是她后来的丈夫。两人经常在一起进行放射性物质的研究，以沥青铀矿石为主，因为这种矿石的总放射性比其所含有铀的放射性还要强。

1898年，居里夫妇对这种现象提出了一个逻辑的推断：沥青铀矿石中必定含有某种未知的放射成分，其放射性远远大于铀的放射性。当年12月26日，居里夫人公布了这种新物质存在的设想。

在此之后的几年中，居里夫妇不断地提炼沥青铀矿石中的放射成分。经过不懈的努力，他们终于成功地分离出了氯化镭并发现了两种新的化学元素：钋和镭。因为他们在放射性上的发现和研究，居里夫妇和另一位科学家共同获得1903年的诺贝尔物理学奖，居里夫人因此成为历史上第一个获得诺贝尔奖的女性。1911年，居里夫人又因为成功分离镭元素而获得诺贝尔化学奖。出乎意料的是，在居里夫人获得诺贝尔奖之后，并没有为提炼纯净镭的方法申请专利，而是公之于众，这种做法有效地推动了放射化学的发展。

居里夫人是历史上第一个获得两项诺贝尔奖的人，而且是仅有的两个在不同领域获得诺贝尔奖的人之一。第一次世界大战期间，居里夫人倡导用放射学救护伤员，推动了放射学在医学领域的运用。

居里夫人极端藐视名利，最厌烦那些无聊的应酬。她和丈夫把自己的一切都献给了科学事业，而不捞取任何个人私利。

在镭提炼成功以后，有人劝他们向政府申请专利权，垄断镭的制造以此发大财。对此，居里夫人说：“那是违背科学精神的，科学家的研究成果应该公开发表，别人要研制，不应受到任何限制……何况镭是对病人有好处的，我们不应当借此来牟利。”

居里夫妇把得到的诺贝尔奖金，大量赠送别人。

1906 年，居里先生因车祸去世，居里夫人承受着巨大的痛苦，决心加倍努力，完成两个人共同的科学志愿。巴黎大学决定由居里夫人接替居里先生讲授物理课，于是居里夫人成为巴黎大学有史以来第一位女教授。

1914 年，巴黎建成镭学研究院，居里夫人担任学院的研究指导。以后她继续在大学里授课，并从事放射性元素的研究工作。

居里夫人从 16 岁开始，成年累月地学习、工作，整整 50 年。居里夫人的一生，从未改变严格、俭朴的生活方式。她从小就有高度的自我牺牲精神，早年她为了供姐姐上学，甘愿去别人家里做佣人；在巴黎求学期间，为了节约灯油和取暖开支，她每天晚上都在图书馆读书，一直到图书馆关门才走；提取纯镭所需要的沥青铀矿，在当时是很昂贵的，居里夫妇从生活费中一点一滴地节省，先后买了八九吨；居里先生去世后，居里夫人把千辛万苦提炼出来的价值高达 100 万金法郎的镭，无偿地赠给研究治癌的实验室。

由于居里夫人长期从事放射性物质的研究工作，加上恶劣的实验环境和对身体保护的不够严格，时常受到放射性元素的侵袭，她的血液渐渐遭到破坏，患上白血病。居里夫人还患有肺病、眼病、胆病、肾病，甚至患过神经错乱症。直到生命的最后一息，虽然恶性贫血、高烧不退，不得不躺在床上，但居里夫人仍然要求女儿向她报告实验室里的工作情况。

1934 年 7 月 4 日，居里夫人因恶性贫血症去世。

爱因斯坦：人类最伟大的科学家

爱因斯坦，1879 年 3 月 14 日出生，全名阿尔伯特·爱因斯坦（Albert Einstein）。

他是举世闻名的犹太裔美国科学家，现代物理学的开创者和奠基人；他是 20 世纪最伟大的科学家，以其相对论而最为世人所知。1999 年 12 月 26 日，他被美国《时代》周刊评选为“世纪伟人”。

爱因斯坦于 1879 年 3 月 14 日出生于德国北部的乌尔姆城，父亲是电气工程师。在家庭的熏陶下，他爱上了科学。15 岁时，爱因斯坦全家离开德国来到意大利。

爱因斯坦 1900 年毕业于苏黎世工业大学，并入瑞士籍。1905 年获苏黎世大学哲学博士学位。曾在伯尔尼专利局任职，还担任过苏黎世工业大学、布拉格德意志大学教授。1913 年返回德国，任柏林威廉皇帝物理研究所所长和柏林大学教授，并当选为普鲁士科学院院士。

1915 年 11 月，爱因斯坦先后向普鲁士科学院提交了 4 篇论文，在这 4 篇论文中，他提出了新的看法，证明了水星近日点的进动，并给出了正确的引力场方程。至此，广义相对论的基本问题都解决了，广义相对论诞生。

1916 年，爱因斯坦完成了长篇论文《广义相对论的基础》，首先将以前适用于惯性系的相对论称为狭义相对论，将只对于惯性系物理规律同样成立的原理称为狭义相对性原理，并进一步表述了广义相对性原理：物理学的定律必须对于无论哪种方式运动着的参照系都成立。爱因斯坦的广义相对论认为，由于有物质的存在，空间和时间会发生弯曲，而引力场实际上是一个弯曲的时空。爱因斯坦用太阳引力使空间弯曲的理论，很好地解释了水星近日点进动中一直无法解释的 43 秒。广义相对论的第二大预言是引力红移，即在强引力场中光谱向红端移动，20 世纪 20 年代，天文学家在天文观测中证实了这一点。广义相对论的第三大预言是引力场使光线偏转，最靠近地球的大引力场是太阳引力场，爱因斯坦预言，遥远的星光如果掠过太阳表面，将会发生 1.7 秒的偏转。

1919 年，在英国天文学家爱丁顿的鼓动下，英国派出两支远征队分赴两地观察日全食，经过认真的研究，得出最后的结论是：星光在太阳附近的确发生了1.7秒的偏转。英国皇家学会和皇家天文学会确认广义相对论的结论是正确的。

爱因斯坦成了新闻人物，他在1916年写了一本通俗介绍相对论的书《狭义相对论与广义相对论浅说》，到1922年已经再版了40次，还被译成十几种文字，广为流传。

1933年，因受纳粹政权迫害，爱因斯坦迁居美国，任普林斯顿高级研究所教授，从事理论物理研究，1940年入美国国籍。

爱因斯坦尽管每天工作紧张，仍抽出一定时间散步，节假日还要外出旅游或划船。爱因斯坦根据自己的亲身体会，总结出一个公式，即X=A+B+C。X代表成就，A代表劳动，B代表休息和活动，C代表少说废话。他把这个公式的内容，概括成两句话：工作和休息是走向成功之路的阶梯，珍惜时间是有所建树的重要条件。

爱因斯坦晚年时，还坚持劳动，坚持锻炼，他经常从事一些家务劳动，如栽花、浇水、剪枝，还经常邀请朋友去爬山，有意识地磨炼意志，锻炼身体。

1955年4月18日，人类历史上最伟大的科学家爱因斯坦因主动脉瘤破裂，在普林斯顿逝世。

爱因斯坦生前立有遗嘱，要求把他的骨灰撒在不为人知的地方，不发讣告，不建坟墓，不立纪念碑。火化时免除所有公共集会，免除所有宗教仪式，免除所有花卉布置及所有音乐典礼。根据他的遗嘱，火化时在场的只有12个人。

没有奏乐，没有花卉，小教堂里一片寂静。只有遗嘱执行者在结束仪式时念了歌德悼念席勒的诗，表达哀思："我们全都获益不浅，全世界都感谢他的教诲；那专属他个人的东西，早已传遍广大人群。他像行将陨灭的彗星，光华四射，把无限的光芒同他的光芒永相结合。"

卡耐基：第一代成功学大师

戴尔·卡耐基（Dale Carnegie，1880–1955），美国著名的心理学家和人际关系学家，被人们称为“第一代成功学大师”，他开创的“人际关系训练班”遍布世界各地。戴尔·卡耐基在道德、精神和行为方面影响了全世界成千上万人的生活，他的教学构想改革了成人教育的方法。

1880年11月24日，戴尔·卡耐基诞生于密苏里州玛丽维尔附近的一个小镇。父亲经营一个小的农场。家里非常穷，吃不饱、穿不暖。由于营养不良，小卡耐基非常瘦小，却长着一对与头部不很相称的大耳朵。卡耐基上的小学校名很浪漫，叫玫瑰园，却非常简陋，只有一间教室。他在学校可不是一个听话的家伙，因为调皮捣蛋，搞恶作剧，他几次差一点被学校开除。他那双又宽又大的耳朵是同学们嘲弄的对象。有一次，班上一名叫山姆·怀特的大男孩与卡耐基发生了争吵，卡耐基说了几句很刻薄的话，怀特被激怒了，便恐吓道："总有一天，我要剪断你那双讨厌的大耳朵。"他吓坏了，几个晚上都不敢睡觉，害怕在自己进入梦乡以后被怀特剪掉了耳朵。当卡耐基成名以后，仍然没有忘记山姆·怀特。他归纳出了一番人生哲理："要想别人对你友善，要想与同事和睦地相处，处理好上下级关系，那就绝不能去触动别人心灵的伤疤。"卡耐基还发现，他具有与生俱来的忧郁性格。他曾向朋友倾诉：烦恼伴随着我的一生，我一直想弄明白自己的忧虑来自何处。有一天，他帮母亲摘取樱花的种子时，突然哭泣起来。母亲问："你为什么哭？"他边哭边答："我担心自己会不会像这种子一样，被活活埋在泥土里。"儿时的他，担惊受怕的事情真的不少：下雨时，担心会不会被雷打死；年景不好时担心以后有没有食物充饥；还担心死后会不会下地狱。稍大以后更加胡思乱想：想自己的衣着、举止会不会被女孩子取笑，担心没有女孩子愿意嫁给他。但后来他发现，曾经使他非常担心的那些事情，99%都没有发生。一个如此没有自信，几乎被各种各样莫名其妙的忧虑缠绕的小伙子，最终成为给别人自信、让人们乐观的心理激励大师，这中间需要经历多少磨砺，就可想而知了。

卡耐基16岁时，不得不在自家的农场里干更多的活。每天早晨，他骑马进城上学。放学后便急匆匆地骑马赶回家里，挤牛奶、修剪树木、收拾残汤剩饭喂猪……在学校里，瘦弱、苍白的卡耐基永远穿着一件破旧而不合身的夹克，一副失魂落魄的样子。有一次上数学课时，卡耐基被老师叫到黑板前解答问题。他刚走上讲台，就听见身后爆发出一阵哄堂大笑。下课后才明白同学们笑话他的原因。班上一名捣蛋鬼坐在他背后，在他的破夹克的裂缝处插了一朵玫瑰花，还在旁边贴了一张字条，写着："我爱你，瑞德·杰克先生。"在英语中，瑞德·杰克与破夹克是谐音词。卡耐基非常难受。回家后他对母亲说："同学们老是笑话我穿的破衣服，我不能集中精力听课。"妈妈说道："你为什么不想办法让他们因佩服你而尊敬你呢？不必伤心，今年秋季，我一定给你买套新衣服。"卡耐基在童年时代受到他母亲很大影响。母亲生性乐观，百折不挠。一次大水灾，洪水冲垮了河堤，把农场的所有农作物冲得不见踪影。父亲用绝望的声音喊道："上帝，你为什么老是和我过不去？我什么时候才能走出困境！"而母亲却十分镇静，她哼唱着歌，将家园重新收拾好。母亲对卡耐基寄予厚望，一直鼓励他好好读书，希望他将来做一名传教士，或做一名教员。

1904年，卡耐基高中毕业后就读于密苏里州华伦斯堡州立师范学院。这时，家里已把农场卖掉，迁到学院附近。卡耐基负担不起市镇上的生活费用，就住在家里，每天骑马到学校去上课。他是全校600名学生中五六个住不起市镇的学生之一。他虽然得到了全额奖学金，但还必须四处打工，以弥补学费的不足。卡耐基发现，学院辩论会及演说赛非常吸引人，优胜者的名字不但广为人知，而且还被视为学院的英雄人物。这是一个成名和成功的最好机会。

但他没有演说的天赋，参加了12次比赛，屡战屡败。三十年后，卡耐基谈及第一次演说失败时，还以半开玩笑的口吻说："是的，虽然我没有找出旧猎枪和与之相类似的致命东西来，但当时我的确想到过自杀……我那时才认识到自己是很差劲的……"经历失败后，卡耐基发奋振作，重新挑战自我。1906年，戴尔·卡耐基一篇以《童年的记忆》为题的演说，获得了勒伯第青年演说家奖。这是他第一次成功尝试，这份讲稿至今还保存在瓦伦斯堡州立师范学院的校志里。这次获胜，对他的一生产生了非同小可的影响。他在后来的回忆中不无自豪地说："我虽然经历了12次失败，但最后终于赢得了辩论比赛。更为激励我的是，我训练出来的男学生赢了公众演说赛，女学生也获得了朗读比赛的冠军。从那一天起，我就知道我该走怎样的路了……"

1908年，卡耐基仍旧很贫穷，但与两年前进入师范学院时已有天壤之别了。他成了全院的风云人物，在各种场合的演讲赛中大出风头。全院的师生对他刮目相看。但他并不满足于此，他开始走出学院去扩大自己演讲的影响了。现在每天都有大量的人在认真地探讨卡耐基的教学课程，但他们应该明白：卡耐基自己的经历就是一部活生生的教材。

卡耐基的主要代表作有：《语言的突破》、《人性的优点》、《人性的弱点》、《美好的人生》、《快乐的人生》、《伟大的人物》和《人性的光辉》。

比尔·盖茨："坐在世界巅峰的人"

比尔·盖茨（Bill Gates），1955年10月28日出生于西雅图。

17岁的时候，他卖掉自己第一个电脑编程作品——一个时间表格系统，买主是他的高中学校，价格是4200美元；他在SAT（美国大学入学考试）标准化测试中得了1590分，这项测试的满分是1600分；他告诉他的大学老师要在30岁的时候成为百万富翁，而在他31岁的时候已经成为亿万富翁；他每秒赚250美元，每天赚2000万美元，一年赚78亿美元；如果他掉了一张1000美元的钞票，他没有必要弯腰捡起来，因为4秒钟之后他就能把掉的钱赚回来；美国国债约为5620亿美元，如果让他来还，10年之内就能搞定；2007年3月出版的《福布斯》杂志将他评为全球最富有的人，这是他连续13

年获得这一称号。

微软公司的创始人是目前世界上最富有的人之一，他的资产逾千亿，被美国人誉为“坐在世界巅峰的人”。

盖茨出生于1955年10月28日，和两个姐姐一起在西雅图长大。父亲是西雅图的律师，母亲是学校教师。

盖茨曾就读于在西雅图的公立小学和私立的湖滨中学。在那里，他发现了在软件方面的兴趣，并且在13岁时开始了计算机编程。

1973年，盖茨考进哈佛大学，和现在微软的首席执行官史蒂夫·鲍尔默结成好友。在哈佛的时候，盖茨为第一台微型计算机MITS Altair开发了BASIC编程语言的一个版本。

上大学两年以后，盖茨没有完成学业，就离开了这座著名的校园，其中的原因有二：一是厌学，二是他敏锐地洞察到个人电脑在未来所拥有的广阔前景。

1975年，盖茨与中学的校友保罗·艾伦以区区1000美元共同创办了微软公司。那一年盖茨只有20岁。

1981年，盖茨与保罗·艾伦共同为国际商用机器公司（IBM）设计百批个人电脑的操作系统磁盘软件获得成功，这就是人们常常谈起的DOS命令。也就是从这时开始，微软公司迅速发展起来。

到1996年，微软公司控制了84%的操作系统软件市场，它开发的MS·DOS磁盘作为软件安装在1.2亿台电脑上，它开发的WINDOWS（窗口操作系统）可用于25种语言，用户超过6000万。

到2002年，微软公司员工已经从最初的40多名发展到5万名，资产达283.7亿美元，在78个国家和地区开展业务，其营业额可同拥有30万名员工的IBM公司相媲美。在个人电脑的6种主要软件中，微软公司在其中的4种中独领风骚；在6种专业软件中，微软公司也显示出咄咄逼人的实力。

盖茨是一个雄心勃勃的人，他的梦想是让所有的人都能从他的成功中受益。当标志着第二次信息革命开始的微软网络出现时，他立即站在了这股新浪潮的最前端。微软公司投资4000万美元同移动电讯技术公司合资建立了世界无线通讯联网系统，以庞大的信息传递网络服务于世界。1995年3月，盖茨与另一位亿万富翁、美国最大的移动电话公司创始人克雷格·麦考宣布了新的合作项目：在全球建立移动通讯网。这一项目的总投资达90亿美元。

1999年，盖茨撰写了《未来时速》一书，向人们展示了计算机技术是如何以崭新的方式来解决商业问题的。这本书在60多个国家以25种文字出版。《未来时速》赢得了广泛的赞誉，并被《纽约时报》、《今日美国》、《华尔街日报》和A-mazon.com列为畅销书。盖茨的上一本书，于1995年出版的《未来之路》，曾经连续7周名列《纽约时报》畅销书排行榜的榜首。盖茨把两本书的全部收入捐献给了非营利组织，以支持利用科技进行教育和技能培训。

2008 年 6 月，盖茨正式从微软退休。对于盖茨来说，慈善事业是非常重要的。在他退休前，他和妻子已经捐赠了超过 240 亿美元，建立了一个基金，支持在全球医疗健康和教育领域的慈善事业，希望随着人类进入 21 世纪，这些关键领域的科技进步能使全人类都受益。盖茨和妻子建立的基金已经将 25 多亿美元用于全球的健康事业，将 14 多亿美元用于改善人们的学习条件。此外，将 2.6 亿美元用于西北太平洋地区的社区项目建设，将 3.8 亿美元用在一些特殊项目和每年的礼物发放活动上。

盖茨 2008 年退休时，把自己的 580 亿美元财产全数捐给其名下的慈善基金会，一分一毫未留给自己的 3 个子女。